天文传奇

THE LEGEND OF ASTRONOMY

于向昀 著

U0302168

山西出版传媒集团　山西教育出版社

图书在版编目（C I P）数据

天文传奇 / 于向昀著. — 太原：山西教育出版社，
2016.3（2022.6 重印）

ISBN 978-7-5440-8317-1

Ⅰ．①天… Ⅱ．①于… Ⅲ．①天文学-青少年读物
Ⅳ．①P1-49

中国版本图书馆 CIP 数据核字（2016）第 047610 号

天文传奇

TIANWEN CHUANQI

责任编辑	韩德平
复　审	李梦燕
终　审	郭志强
装帧设计	薛　菲
印装监制	蔡　洁

出版发行 山西出版传媒集团·山西教育出版社

（太原市水西门街馒头巷 7 号　电话：0351-4729801　邮编：030002）

印　装	北京一鑫印务有限责任公司
开　本	890×1240　1/32
印　张	6.125
字　数	146 千字
版　次	2016 年 3 月第 1 版　2022 年 6 月第 3 次印刷
印　数	14 001—17 000 册
书　号	ISBN 978-7-5440-8317-1
定　价	36.00 元

如发现印装质量问题，影响阅读，请与印刷厂联系调换。电话：010-61424266

目
录

01　天国,祖先的疆域　/1

02　全世界崇拜的神　/9

03　黑暗降临的时刻　/17

04　地球的胖子伙伴　/24

05　金星的多重身份　/32

06　缤纷的火星文化　/40

07　雷电锤的牺牲品　/49

08　伽利略排名第二　/57

09　郊外流行戴草帽　/65

10　赫歇尔家的功勋　/72

11　计算出来的行星　/79

12　不和女神惹的祸　/87

13　毁灭世界的煞星　/95

14　来自太空的焰火　/103

15　太阳系外水晶天　/111

16　超级能量大爆发　/118

17   鉴别恒星的指纹   /126

18   银河系的真面貌   /133

19   当牛郎遇到织女   /140

20   大宇宙和小宇宙   /147

21   宇宙到底啥模样   /154

22   倾听宇宙的声音   /161

23   世界就是光与影   /168

24   寻找奇迹诞生处   /175

25   日暮乡关何处是   /182

01　　　　　天国，祖先的疆域

◇ ·········

　　天国，经常又被称作"天庭"，姜子牙给那儿封过神、孙悟空去那儿搬过兵、王母娘娘在那儿设宴招待过群仙……可这天国到底在哪儿呢？

　　天国，其实就在天上，夜晚天气好的时候，一抬头就能看见。我们的很多祖先现在还"居住"在那里呢。

　　许多人为"修建"天国出过力，有古代的部落首领，还有天文学家们和历史学家们。他们花了很长时间，一点一点、一步一步地构建出天国的模样。在我国流传下来的不少典籍里，还能找到他们构筑天国的过程。在《左传·昭公元年》中就记载过这样的事——

　　那是在春秋时期。某天，晋平公得了病，郑伯派卿大夫子产出使晋国，探望、慰问晋平公。晋国的大臣叔向对子产说："占卜的人说，我们国君的病，是由于实沈、台骀作祟而导致的，可是太史不知道实沈和台骀到底是什么神灵，关于这件事，我想向您请教一下。"

　　子产给叔向讲了个老长老长的故事：在很早以前，帝喾高辛氏当政，他的两个儿子，哥哥阏伯和弟弟实沈，从小关系就不好，只要一见面就会争吵，严重时还会动手打架。兄弟二人长大以后，阏伯成了东夷部族的首领，实沈则被派去管理西羌部族，他们都能力出众，在华夏地区非常有名望。由于在很多事情上意见不合，兄弟俩仍然经常起争执，最终动起武来。两大部族互相征讨，弄得民不聊生。后来，尧帝接替了帝喾的位置，成了华夏地区所有部落的总首领。他觉得阏伯和实沈实在闹得太不像话了，为了不再发生战争，尧帝决定把兄弟二人分开。他让阏伯带人迁到商丘一带居住，负责观测和祭祀大火星；让实沈带人搬到大夏之地居住，负责观测和祭祀参星。从此之后，两兄弟再也没有见面，当然也就没有再打过仗。阏伯所统率的东夷部族，使用大火星确定季节，他们的后裔建立了商朝。商朝人沿袭了祭祀和观测大火星的传统，因此大火星又叫"商星"。实沈的族人，即西羌人，使用参星确定季节，他们的后人建立了唐国。唐国的最后一位君主名叫唐叔虞，是周武王的儿子。当年，周武王的妻子邑姜怀着太叔的时候，曾梦见天帝对自己说："我给你的儿子起名叫'虞'，将来他长大了，封给他唐国，让他在唐国繁衍、养育他的子孙。"太叔降生后，人们发现他掌心的纹路正像一个"虞"字，因而周武王就给他取名叫"虞"。周朝建立前，唐国是商朝的诸侯国，周成王（周武王的儿子）灭了唐国以后，将唐国国土封给了他的弟弟太叔，太叔从此也被称为"唐叔虞"。在他执掌唐国之时，唐人的习俗就在晋地流传开来，参星也就成了晋国的星宿。由此看来，实沈理当是参星之神。

晋祠唐叔虞像

　　在子产和叔向生活的那个年代，观测天象的变化属于国家大事，要由太史记录下来，并解释给国君及大臣们听。子产所提到的"商星"和"参星"，并不仅仅存在于故事当中，它们是真正的"明星"，在我国古代，它们统称为"星宿"。而星宿就是构建天国的基石。

　　早在人类文明刚刚形成时期，中国、古巴比伦、古埃及以及古希腊等文明古国的人们，为了生产生活的需要，各自探索形成了不同的星空划分和命名的方法。古希腊人将天空划分为不同的区域，并称之为"星座"，用假想的线条将星座内的亮星连接起来，然后再把整个星座想象成动物或人的形状，并结合神话故事给它们配上适当的名字，这就是目前广为流传的"星座"的由来。

十二星座图

　　在对星空的划分方面，我们的祖先使用的方法和其他文明古国的人们使用的法子差不多，只不过我们把不同区域的星空称作"星宿"。

　　1928 年，国际天文学联合会正式公布了国际通用的 88 个星座方案，并规定星座的分界线大致用平行于天赤道（赤道向外无限扩大）和垂直于天赤道的弧线。分布在天赤道以北的有 29 个星座，横跨天赤道的有 13 个星座，分布在天赤道以南的有 46 个星座。这一星空划分方案，最早起源于四大文明古国之一的古巴比伦。古希腊天文学家对古巴比伦的星座方案进行了补充和发展，并编制出了古希腊星座表，后又经近现代天文学家的补充和完善，最终形成了当前国际上通用的星空划分标准。

我们国家对天文的研究和记录开始得很早，对于星空的划分有一套属于自己的独特体系。我们的"星宿"相当于国外的"星座"，但我们与国外对星空的划分有所不同，而且许多星体的名称和现在国际上通用的也都不一样。

粗略地概括起来，我们的祖先将可观测到的星空划分为三垣和二十八宿，共 31 个天区。三垣是北天极周围的 3 个区域，二十八宿是在黄道和白道附近的 28 个区域，每一个区域叫作一个星宿。子产所说的"商星"和"参星"，就是二十八宿中最重要的两个星宿。

三垣与二十八宿又与方位相对应，三垣位属中宫，居于北方中央的位置，为天帝居住的紫微垣、天帝办公的太微垣和天国居民们

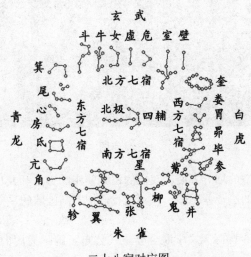

二十八宿对应图

买卖东西的天市垣，其中紫微垣位于北天极附近。二十八宿按东南西北四个方位分作四组，每组七宿，并和四象相搭配，为东方青龙，包括角、亢、氐、房、心、尾、箕；南方朱雀，包括井、鬼、柳、星、张、翼、轸；西方白虎，包括奎、娄、胃、昴、毕、觜、参；北方玄武，包括壁、室、危、虚、女、牛、斗。

　　子产所述的故事中，被称作"商星"的大火星，又名"心宿二"，东方青龙就是以它为中心的，在目前国际通用的星空划分方案中，它属于天蝎座。"参星"则是西方白虎的中心，目前归为猎户座。在古希腊人的想象中，这三颗星（参星）是猎户的腰带。

中华第一龙——西水坡遗址中的蚌塑龙

　　有学者认为，"商星"和"参星"观念的产生可能非常早，其证据就是1987年5月，河南省濮阳市西水坡遗址中的考古发现。在最引人注目的45号墓中，考古队员们发现了龙虎蚌塑。经放射性碳素断代法测定，并经树轮校正年代，得出的数据显示，这座古墓存在的时间已有6 500多年了。考古学家认为，公元前4 500年前后，正是伏羲所生活的年代，而经过分析研究墓穴里的陪葬品，以及墓穴内物品所在位置，他们认为，这座古墓的主人有可能就是伏羲。这一发现表明，远古时期中国境内的各个民族都有本民族所崇拜和祭祀的星座，这些星座同时还有确定季节的功能。

　　"商星"和"参星"的传说，可以视为中国古代天文学的一个起点。"参商"还成为我国古代文化中一个著名的典故。相传这两个星宿在夜空中此出彼没，永不见面，因此人们用"参商"来比喻彼此对立、不和睦，或亲友隔绝，不能相见。曹植的《与吴季重书》中就有"面有逸景之速，别有参商之阔"这样的句子。杜甫的《赠卫八处士》中也以"人生不相见，动如参与商"来感叹别离。

随着加入华夏联盟的部族的增加，祖先们对星空做了更为细致、精确的划分，朱雀和玄武两大星座因而产生。四大星座象征着一年的四个季节，同时还对应着华夏地区的四个主要民族——东夷、西羌、南蛮和北狄，显示着这四大民族在天上所占据的方位。二十八宿中不少星宿的命名，都源自这些民族所建立的方国，或其民族中贡献卓著的人物。如今的我们基本上都是这四大民族的后代。

祖先们认为，大地不过是人身体暂时停留的地方，而天上才是灵魂永久的居所。中国古人眼中的星空，就是天堂。这个天堂都是由星星组成的，所有的星宿，也都对应着王朝的中央机构和官员，所以中国的星宿称作"星官"，意思是天帝的官员。天帝的这些官员，最初都是生活在华夏大地上的鲜活的历史人物，后人为了纪念他们，以他们的名字来命名星宿，于是他们就变成了天上的星宿。

星宿的划分和命名导致了一种极为独特的文化现象，这就是中国所特有的"分野"。在我们祖先看来，天与地是不分家的，所以他们将天上的星宿与地上的民族或部落、景物等联系起来，建立起一一对应的关系，这就是分野的观念。简言之，分野就是把天上的星宿一对一地分配给地上的各个民族或部落。

在中国古代，皇帝分封诸侯的时候，都将特定的星宿分配给诸侯所封得的领地。建国、建城、封地、分星，这些程序加在一起，就叫"封建"。例如，上文中提到的唐国，是上古有名的部落首领尧帝的后裔的生存地之一。唐人和晋人在晋地建立实沈庙，用以祭祀参星之神实沈，而参星也历来被视作是晋人的星宿。古代的太史常会根据参宿天象的变化，来推测晋地将要发生的大事。

这种天与地一一对应的分野观念起源很早，在原始社会就已开始实行。它并非一成不变，而是随着朝代的变更、地域的扩展、民族的迁移和融合而逐步发展、变化的。分野的这种变化对星宿的命名也有一定影响，有时甚至会导致一些星宿改名换姓。比如说，东方青龙中的箕宿，它的名字来自箕子，对应的地点是现在的朝鲜半岛。古书记载，箕子是商纣王的叔叔，因为协助周武王征讨纣王有功，便将朝鲜这块地封赏给他。周武王统治时期，都实行"买一送一"，所以连天上的星星也搭配给了箕子。箕子挺听话，把家搬到朝鲜，创立了一个附属于西周的小诸侯国。后来，与这个小国对应的星宿也就改名叫"箕宿"了，至于这个星宿以前的名字，反倒没有人记得。

曾有天文学家根据恒星的相对位置，来推断二十八宿划定的时间。根据史书记载，牛郎星位于织女星之东，但作为这两颗恒星在二十八宿中的"替身"——牛宿和女宿，却是牛宿在西、女宿在东，与牛郎、织女两星的排列正好相反。因此，有人推测：既然牛宿、女宿的名字源于牛郎、织女二星，那么它们最初的排列方位应该一致，后来因为岁差的缘故，才成了如今我们看到的样子。照这样推算，牛宿和女宿被划分出来并且各自定名的时间，应该在公元前3 000年以前，因为只有在那时候，牛宿和女宿的排列与牛郎、织女二星是一致。

还有一个故事可以印证这一推算——据《尚书·吕刑》《国语·楚语下》和《山海经·大荒西经》等古书记载：上古时期，人和神本来是可以相互往来的。到了少昊做国君时，国家开始衰败，黎族的九个首领率民作乱，破坏宇宙秩序，让地下的凡民和天上的神混杂在一起。颛顼继少昊做了国君后，任命南正（官名）重（人名）主管天神的事，火正（官名）黎（人名）主管凡民的事。重两手托着天，尽力往上举，并随着天空的上升而上了天；黎用双手抚地，尽力朝下按，并随着地的降落而下了地。连通天和地的道路被断绝了，宇宙恢复了秩序，人与神从此互不相扰。

颛顼的这则故事，又被称为"绝地天通"。大多数人认为这只不过是个传说，但也有人认为，这很可能是上古时期的一次天文史上的改革——在颛顼执政年间，由于民族混杂，对星空的划分也十分混乱。为了结束纷争，颛顼颁布了统一的星空划分方法，划定了二十八宿，让南正重负责记录天象，火正黎负责听取民意，并规定从此以后，不许再将各族的祖先"移居"到天上，增加新的星宿。此后，

五帝之颛顼

地上的各民族就不再为哪个星宿属于谁而发动战争了。

之所以会产生这样的推断，是因为传说中颛顼执政的年代，恰好在公元前 3 000 年前后，与牛、女二宿被划分出来的时间一致，并且牛宿和女宿都属于玄武星座，而玄武星座又恰好是颛顼的星座。

或许这个推断显得有些证据不足，然而，它却为我国上古时期的民族融合与衍变的研究提供了一个新的思路。

根据《史记·天官书》记载，祖先们将星空划分为五大天区，就是紫微垣加上东、南、西、北四星官。虽然在《天官书》中有太微和天市这两个星名，但它们的划分区域还不完整。三垣二十八宿的全天区划是在《晋书·天文志》中才有完整记载的，这一星空划分体系已囊括了北半球所能见到的所有星座。由此可见，中国的星空分区观念在不断发展变化。

在星空划分基础上形成的分野，是中国古代文化中一个很重要的部分，它随着天区划分的逐步完善而形成。中国历史上的每一个时间段，分野几乎都是不同的，目前可见的关于分野的最早记载是在《周礼》中："以星土辨九州之地，所封封域皆有分星，以观妖祥"，就是按照分野来预卜各地吉凶。

"分野"这一观念，将天上的星宿与地上的民族联系起来，于是各个星宿就成了各个民族的象征，人们甚至认为星宿就是他们自己，是他们的发源地。星空，就是天国，是先人的疆域。

"三垣二十八宿"这种星空划分法，不仅是祖先留给我们的科学遗产，也是留给我们的文化遗产。每一个星宿的名称，都在无声地传递着祖先的哲学思想：星空，是我们的发源地，也是我们永远的归宿。

02　全世界崇拜的神

◇

　　在很早很早以前，西湖北里湖北岸的宝石山脚下的一个小村庄里，住着一对年轻夫妻，男的叫刘春，女的叫慧娘。夫妻俩十分恩爱，男耕女织，日子过得很甜蜜。

　　有一天早上，太阳刚刚升起来，刘春扛着锄头下地去干活儿，忽然刮起一阵狂风，天上黑云滚滚，刚升起的太阳一下又缩回去了。从这天起，太阳就消失不见了。没有了太阳，庄稼无法生长，

杭州宝石山

妖魔鬼怪都趁着黑暗跑到人间来作乱。

有位老公公说，东海底下有个魔王，手下有许多小妖，他最怕太阳，太阳一定是被这个魔王给抢去了。刘春听说后，决定去寻找太阳。如果能把太阳找回来，大家就都有好日子过了。慧娘很支持丈夫的想法，她从自己头上剪下一绺长发和在麻丝里打成一双草鞋，又缝了一件厚厚的棉袄，给刘春带着。

慧娘把刘春送到门口。这时天边飞来一只金凤凰，刘春请金凤凰陪他去找太阳，金凤凰点头答应了。刘春对慧娘说："慧娘呀，寻不到太阳我就不回来。即使死在路上，我也要变成一颗明亮的星星，给后边寻找太阳的人指引道路！"

刘春走后，慧娘天天爬到宝石山顶，望着丈夫离去的方向，盼着丈夫回来。不知过去了多少天，这世界还是漆黑一片。有一天，慧娘忽然看见一颗亮晶晶的星星升起来挂在天空。不久，金凤凰也飞回来停在她脚下。她立刻明白，刘春死在了寻找太阳的路上，她不觉昏了过去。

等慧娘醒来的时候，她怀的遗腹子已经生了下来，慧娘给他取名叫"保淑"。这孩子见风就长，很快长成了一个健壮的男子汉。慧娘把父亲寻找太阳的事讲给保淑听后，他也决定去找太阳。

尽管舍不得儿子离开，但为了让大家都有好日子过，慧娘还是同意让保淑去找太阳。她又剪下一绺长发和着麻丝打成一双草鞋，又缝了一件厚厚的棉袄让保淑穿上。保淑走到门口，那只金灿灿的凤凰又飞了来，停在他的肩膀上。慧娘指着天上那颗亮晶晶的星星告诉保淑，那是他父亲变的，它会给他指引方向。又叮嘱他，让金凤凰陪他一起去。保淑临行前请求慧娘，无论过多长时间，遇到什么事，都不要掉一滴眼泪，否则他的心会颤抖，就再没力气去找太阳了。

保淑告别了母亲，带着金凤凰翻山越岭，在星星的指引下不停地前进。他经过很多村庄，当人们听说他要找太阳，纷纷表示支持，给他缝制了百家衣，送了他一袋泥土。保淑靠百家衣的温暖游过了冰河；用泥土在东海中造出许多大大小小的岛屿；在金凤凰的提醒下，粉碎了妖魔意图加害他的阴谋，并找到了东海底下的大岩洞。太阳就被魔王锁在这个岩洞里。在金凤凰的帮助下，保淑终于战胜了魔王，找到了太阳。他拼尽全力托着太阳从深深的海底往海面上游，可太阳刚在海上露出半个头，保淑的力气就全用尽了。这时金凤凰飞了来，它背起太阳飞上了天空。

在保淑战斗期间，妖魔们不断纠缠慧娘，骗她说保淑已经死在半路上了，想方设法骗她伤心流泪，以使保淑再没力气去找太阳。慧娘牢记着保淑告诉她的话，咬紧牙不让自己掉一滴眼泪。这天妖魔们又来纠缠她的时候，太阳忽然升了起来，妖魔们被太阳光一照，都变成了石头。

从此以后，太阳每天从东方升起，西方落下，人们终于重见光明，重新过上了幸福的日子，可是保淑却再也回不来了。人们为了纪念他，就在宝石山山顶上建造了一座玲珑宝塔，又在金凤凰飞舞的地方建造

来凤亭

了一座六角小亭，这就是现在的"保淑塔"和"来凤亭"。慧娘和乡亲们常站着盼望太阳升起的那座石台就叫"初阳台"。每天太阳升起之前，东方会有一颗亮晶晶的星星闪闪发光，那就是刘春变的，人们都叫它"启明星"。

这就是民间流传的关于保淑塔来历的传说。故事中，保淑始终执着于一件事，那就是寻找太阳。

太阳是古人认识的第一个天体，也是对于人类来说最为重要的天体之一。从上古的蒙昧时期开始，太阳就成为世人所崇拜的神。在古埃及的神话传说中，太阳神拉是所有神的父亲，相当于一位创世者。在阿兹特克文明的创世传说中，我们这一纪人类产生前，世界曾被毁灭了四次。第四个太阳灭亡后，为了让世界恢复生机，天神们举行了一个仪式，一个名叫纳纳华特辛的天神跳入熊熊大火，化身为第五个太阳；他的伙伴特库希斯特卡特尔紧随其后，也跳进火堆，变成了月亮。而印第安人的太阳神，则被印第安部落的王族

们称为"我父"。在美洲古印第安人的宇宙图中，"十"字代表天地四方，中心是光明之神，也就是太阳。

这种太阳神和创世神合为一体的现象持续了相当长的时间，并且，人们还使用不同的图案和符号来指代太阳。最为常见的符号有两种，一种是"十"字形，另一种是"卍"字形。"卍"字形的符号，在西方百科全书里，经常被称作"戈麦丁"。最典型的事例见于中东地区，在公元前3000年左右，亚述人使用"十"字形徽纹来表示他们的天神阿努。这个"十"字的中心，在楔形文字中代表着太阳，而"十"字则表示太阳照射的四个主要方位。"卍"字形的符号，则比较像旋转的日轮。同样的情形在迦勒底人、印度人、希腊人和波斯人那里也十分常见。而类似的符号，在我国的甘肃、青海及内蒙古翁牛特旗等地也多有发现，而且"十"字形的图纹，也常出现在商周甲骨文和青铜器铭文中。

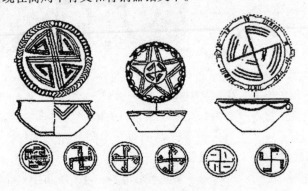

青海出土的陶器上代指太阳的符号

和古埃及、古印第安等地一样，在上古时期，华夏大地最早实行的也是"一神制"的太阳神崇拜。在中国的神话传说中，中国的第一个大神，实际上是有记载的第一个部族首领，名叫"伏羲"。在古语里，"伏"是大的意思，而"羲"同"曦"，指阳光，"伏羲"的意思就是伟大的太阳神。中国古代与至尊相关的称号，如皇、神、华、晔、昊等，都与太阳崇拜有关。

继伏羲而后的又一位伟大帝王——黄帝，其实也是太阳神的化身。"黄"在上古时期与"光"是同音字，而且"黄"和"光"这两个字都是光明的意思；"帝"最初的语义是"神"。也就是说，"黄帝"这一尊号的本义就是"光明之神"。此后，中国古代的最高统治者都以"皇帝"为通称。据古文字学家王国维考证，在金文中，"皇"是日光放射之形。另一位文字学家张舜徽教授也认为，"皇"是太阳升起、光明四射之意。

古时候，太阳不仅是人们崇拜的对象，也是制订历法的标准和依据。人们从对昼夜的认知而生发出了"阴阳"的概念，"一神制"不久便产生了分化，中国的远祖变成了伏羲和女娲两个人，这也是后来盛传的东王公和西王母的原形，后来东王公又演变成了玉皇大帝。当时中国的一年分为两季，即耕耘播种的春季与休养生息的秋季，共10个月，以"十干"纪日。十干，就是我们经常提到的10天干，为甲、乙、丙、丁、戊、己、庚、辛、壬、癸。

后世的历史之所以叫作"春秋"，也是由两大季节的划分而来的。那时候人们对于方位的认识也是二维化的，即东与南为同一方位，西与北为同一方位。"一神制"的分化过程，记载在《易经》之中，就是最著名的那句"太极生两仪"。两仪，指的就是阴和阳。

《易经》也被称作《周易》，相传是周文王的作品，但其中的八卦符号则是从伏羲氏那里继承来的。"易"字，指的是阴阳变化消长的现象。这部书历来被公认为是中国古代研究、占测宇宙万物变易规律的典籍，成书年代则一直有争议。《周易》的"周"字，指的并不是周朝，它有周密、周遍、周流等意，引申义为"周到圆满"，因而《易经》是建立在"乾坤一元、阴阳相倚"基础上，对事物运行规律加以论证和描述的书籍。"元"字的意思是"起点"，《易经》阐述自然规律的起点就是太阳，昼、夜和阴、阳都是由此而来。

阴阳概念产生之时，人们对于星空也已有了初步的划分，已建立起东方青龙和西方白虎两个星座，这两个星座的划分，至迟在公元前4 500年就已完成。

由于地球的公转轨道与自转轨道并不重合，加上日光耀眼，直接观测太阳在恒星间的位置十分困难，而早期的月份划分和纪日、纪年方式也失之准确。并且，在上古时期，人们分散在各地居住，使用的历法并不统一。长期的误差与差异积攒下来，到了尧帝执政的时候，终于发生了历法的错乱，历法上标明是冬天的日子，实际上是夏天，也就是所谓的"十日并出"——"十干纪日"的方法似乎出了问题。这种错乱直接导致了农业和畜牧业等方面的混乱。因而，尧帝不得不命人重订历法，实行改革。

这一次历法改革以神话传说的形式记载于《淮南子·本经训》中，这就是著名的"羿射九日"。原文是："逮至尧之时，十日并出。焦禾稼，杀草木，而民无所食。猰貐、凿齿、九婴、大风、封豨、脩蛇皆为民害。尧乃使羿诛凿齿于畴华之野，杀九婴于凶水之上，缴大风于青邱之泽，上射九日，而下杀猰貐，断脩蛇于洞庭，擒封豨于桑林。万民皆喜，置尧以为天子。"这段话用白话文表述大致是：尧帝统治的时候，天上有 10 个太阳一同出来。灼热的阳光晒焦了庄稼，草木都枯死了，人们连吃的东西都没有。猰貐、凿齿、九婴、大风、封豨、脩蛇等怪物，都跑出来祸害百姓。于是尧派遣神射手羿到畴华的荒野上杀死凿齿，到凶水边上杀死九婴，到青邱湖上用箭射死大风，射下天上的 9 个太阳，在地上杀死猰貐，到洞庭湖斩断脩蛇，到桑林生擒封豨。怪物们被铲除后，普天同庆，老百姓们一齐把尧拥戴为天子。

羿射九日雕像

　　然而，摒弃《淮南子》中与怪物相关的记载，"羿射九日"这件事，其实是上古时期的一次历法革新。根据古文字学家和考古学家的研究，射下9个太阳的那名壮汉羿，又叫大羿或司羿，就是协助大禹治水，并教人们挖井和放牧动物的伯益。后世的一些名人，如神奇工匠堰师、建立了第一个封建王朝的始皇帝嬴政，都是伯益的后代。相传《山海经》就是伯益跟随大禹考察九州后写成的。伯益帮助尧帝完成历法改革，应该是他成为尧帝重臣的原因之一。

　　这一次历法改革的变动相当大，首先是部分废除"十干纪日"法，而使用"十二月"来代替，规定一年为12个月，这是根据月亮圆缺的规律提炼出来的，相应地，一年也有了四个季节；其次是以天空中的各种星体所在方位来确定季节，并选取一定的星象作为分辨一年四季的标志。作为标志的恒星，称之为"大辰"。尧帝时期的大辰是天蝎座的主星——心宿二，当时名为"大火"。与此同时，方位也精确划分为东、西、南、北四方，对应着华夏地区的四个主要民族，东夷、西羌、南蛮和北狄；而在天上，则相应地有了四象，即苍龙、白虎、朱雀和玄武。对此，《易经》中的相应记载为："两仪生四象。"

　　"羿射九日"这件事，很可能并不是伯益一个人的功劳。在青龙、白虎两大星座被划定之后，东夷部落的人民就使用大火星，即心宿二来确定季节。而伯益所统率的部落，以燕子为图腾，是从东夷民族分化出来的"鸟夷"的一支，应该在较早的时期就掌握了以恒星确定季节的方法。尧帝听从了伯益的建议，引进了东夷部落的历法，并将其颁行全国，终于平息了这次历法错乱造成的恶劣影响。

　　除此之外，在颁布了统一的历法后，尧帝深恐再次发生同样的变故，于是专门委派了四位天文学家分居全国四个地方观测星象，顺便听取人们的意见。这件事，被记载在《尚书·尧典》里。

　　根据《尚书·尧典》的记载，尧帝曾命羲氏与和氏的两对兄弟驻守四方，严肃谨慎地遵循天数，推算日月星辰运行的规律，制订出历法，把天时节令告诉人们。四人中羲仲居住在东方的汤谷，尧帝令他恭敬地迎接日出，辨别测定太阳东升的时刻。当昼夜长短相等，且在黄昏时，南方朱雀七宿出现于天的正南方，这一天定为春分。羲叔居住在南方的交趾，负责观察太阳往南运行的情况。当白昼时间最长，且在黄昏时，东方青龙七宿中的大火星出现在南方，这一天定为夏至。和仲居住在西方的昧谷，负责辨别测定太阳西落的时刻，送别落日。当昼夜长短相等，且在黄昏时，北方玄武七宿中的虚星出现在天的南方，这一天定为秋分。和叔居住在北方的幽都，辨别观察太阳往北运行的情况。当白昼时间最短，且在黄昏时，西方白虎七宿中的昂星出现在正南方，这一天定为冬至。在中国古代，冬至被定为一年的初始之日，即元旦。

这次历法改革，是尧帝成为华夏大地的首领后建立的一次伟大功勋。后世很多想效法尧帝的皇帝，在登基前都会请人做"推元"，寻找一个特定的起点，并在登基后修订历法。

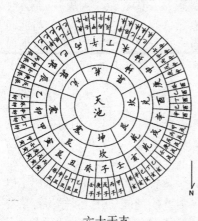

六十干支

在天文学上，纪元是为指定天体坐标或轨道参数而规定的某一特定时刻。制订历法需要一个起算点，这个起算点就叫作历元。在历元处，一天的起点为夜半，一月的起点为朔旦（也就是每月的初一），一年的起始月为农历十一月，六十干支的起点为甲子，二十四节气的起点为冬至，五个周期的起点全都会合在一起，就如同五个速度不一样的赛跑者站在同一起跑线上。而古人在推算历元之时还要求日月合璧、五星连珠，这一时刻作为推算的总起点，称为"上元"。通过推算找到黄道吉日，以方便皇帝登基。

纵观中国古代的历史与神话传说，太阳崇拜的印记随处可见。中华文明乃至世界各地的古老文明，大多是从观察与认识太阳开始，然后建立自己的宗教和文化。可以说，在上古时期，太阳是全世界崇拜的神。

03 黑暗降临的时刻

◇ ....

　　桑多尔·阿尔德米探险队在秘鲁和玻利维亚进行了两年的科学考察后，返回了欧洲。他们在美洲发现了好几个印加坟墓，找到了戴着"博尔拉金王冠"的木乃伊，并根据铭文确定，这具木乃伊就是印加王拉斯卡·卡帕克。著名记者丁丁在报纸上看到这则新闻，对此很感兴趣。

　　当天晚上，丁丁陪同阿道克船长去看魔术表演，见到老朋友阿尔卡扎将军正在表演飞刀，其助手吉奎多是个印加人。在剧场里，丁丁听说桑多尔·阿尔德米探险队的摄影工作者克莱尔蒙突然患了重病。第二天一早，丁丁在早报上看到，探险队的桑多尔·阿尔德米教授也患上了与克莱尔蒙一样的怪病。

　　侦探杜邦与杜帮来找丁丁，告诉他探险队的那两名得病的人都处于一种嗜睡状态，被发现的时候身边都有水晶碎片。这时他们得知探险队另一名成员洛贝潘教授也同样陷入昏睡状态。丁丁认为这几个人的遭遇绝非偶然，提议马上通知探险队的其他成员，并对他们加以保护。探险队的马尔克·夏莱准备将这几个人昏睡的原因告诉侦探们，却在去往丁丁家的路上遭到谋害，也昏睡了过去。

　　尽管警察采取了严密的保护措施，康通纳教授依然没能逃脱陷入昏睡的命运，在他的身边也同样发现了神秘的水晶碎片。丁丁和阿道克船长在好友卡尔库鲁斯教授的陪伴下，找到最后一名探险队成员贝尔加莫特。贝尔加莫特告诉大家，据印加人的预言，由于亵渎了印加王的尸体，探险队的成员们都要受到惩罚。当天晚上，贝尔加莫特遇害，也陷入昏睡，而卡尔库鲁斯教授遭到了绑架。

丁丁追踪绑架者留下的痕迹来到港口，碰到即将返回南美的阿尔卡扎。将军告诉他，吉奎多是印加王的后裔。凭借小狗白雪发现的线索，丁丁和阿道克船长乘飞机前往秘鲁，去搭救卡尔库鲁斯教授。

在秘鲁，丁丁和阿道克船长多次遇到印加人的阻挠和暗害，但他们凭着过人的机智和勇敢化解了困难。在受过丁丁帮助的印加男孩佐里诺的引领下，丁丁和阿道克船长终于找到印加人祭祀太阳的神庙，但由于寡不敌众，他们被抓了起来。印加王出于对丁丁的敬佩，允许他选择自己被处以火刑的时日，丁丁选定了 18 天后的上午 11 点。

埃尔热在丁丁塑像前

行刑的时间到了，丁丁、阿道克船长和卡尔库鲁斯教授被绑在火刑柱上，大祭司准备利用阳光点燃火堆，丁丁开始向着太阳祈祷，在他的祈祷声中，黑暗降临了……

这是比利时著名漫画家埃尔热的名作《丁丁历险记》中的故事。这本书共分上下两册，上册《七个水晶球》讲述的是探险队成员们的遭遇，下册《太阳神的囚徒》则讲述了丁丁和阿道克船长在美洲克服重重困难，解救卡尔库鲁斯教授的过程。在故事中，丁丁在危急关头，借助一种特殊的天文现象，使自己和同伴们摆脱了危机，并挽救了遭受印加人报复的 7 位探险队员的性命。这种特殊的天文现象就是日食。

今天我们都已知道，日食是太阳被月亮遮掩而变暗甚至完全看不见的现象，也叫作"日蚀"。日食发生在太阳、地球和月亮处于同一条直线上的时候，这个时候月亮运行到太阳和地球之间，月亮挡住了太阳光线，月球的影子正好落在地球上，被月影扫到的地区就能看到日食。日食有三种类型：日全食、日偏食和日环食。

日食必定发生在朔日，即农历初一，但并不是每个朔日都会发生日食。因为月亮绕地球公转的轨道（白道）和地球绕太阳公转的轨道（黄道），并不在一个平面内，它们之间有 5.145 396 度的夹角，所以只有当太阳和月球都运行到白道和黄道的交点附近时，才可能发生日食。

日食现象

在以前科技不甚发达的时候，人们对日食的成因缺乏了解，太阳突然消失、白昼忽然变为黑夜这种事，足以令人感到惊惶，乃至恐惧和敬畏。古代东西方都认为日食的出现是极其不吉利的事，并为解释这种现象编造了很多理由：在我国古代，一些地方认为日食的发生是因为太阳被一条龙吞掉了；还有些地方则认为吃掉太阳的是天狗，这也是汉语中"日食"二字的由来。古代印度则传说，释迦牟尼的弟子目莲的母亲生性凶恶，死后变为恶狗经常追逐太阳和月亮，并吞吃它们。斯堪的纳维亚部族认为日食是天狼食日。越南人认为吞吃太阳的妖怪是只大青蛙。阿根廷人说吃掉太阳的是只美洲虎。西伯利亚人则说那是个吸血僵尸。美洲阿兹特克人认为日食是魔鬼降临世间的信号，因此每逢日食发生时，女人们都会歇斯底里地喊叫。而对于"日食"这个词语的解释，日本漫画《机器猫》里那位男主角野比康夫的说法最为经典，也最有创意——他对他的父亲说："日语里'朝食'就是早饭的意思，'夕食'就是晚饭，那么'日食'就是一整天地吃，对吗？"

尽管日食使古时候的人们感到恐慌，但每当日食发生时，我们的祖先还是想出种种办法，来拯救陷入危险中的太阳。"救日"的方法有祈祷、向上天忏悔、击鼓驱赶恶魔、向天上射箭、放鞭炮等，最惨无人道的一种方法是拿活人祭祀，向天神祈求赎罪。

但据西方文献记载，日食的出现曾平息过一场战争：公元前585年，米提斯与利比亚两族正在打仗，忽然，太阳消失不见了，两族族人觉得这是上天在表示愤怒，于是扔下兵器握手言和了。后来两个部落还相互通婚，建立起友好联盟。由此可见，太阳在人们心目中有着至高无上的地位，就连看不见的时候都有那么大的威力。

由于远古时期，世界上许多地方都崇拜日神，太阳成为诸多部族的最高神祇，所以日食现象被人们认为是凶兆，也就很容易理解了。

上古时期，我们的祖先认为，部落首领是太阳神在人间的化身，这种观念经过历朝历代的传承和演变，最终形成了"皇帝是天子"的论调。因而我国古代的统治阶级认为出现日食的原因是君王无道，政局紊乱，得罪了上天，因此上天降罪于天下百姓，这已不仅仅是一般的警示了。

出于对"太阳消失"这种严重警告的重视，每次日食发生时，朝廷总要派人仔细观测、记录，并要求太史针对这一现象进行星占。更有甚者，统治者还会要求掌管天文历法的人预测日食发生的时间。传说黄帝执政时期，掌管天文历法的人被称为"羲和"，古书上曾有"黄帝使羲和占日，常仪占月"的记载，这一职务一直延续到夏朝。在夏朝仲康称帝时期，在任的羲和由于醉酒而漏报了日食，因而被斩首。这一历史事件记载在司马迁的《史记·夏本纪》中，原文为："帝仲康时，羲和湎淫，废时乱日，胤往征之，作《胤征》。"由此可见，在古代，天文学家是个极其危险的职业。

我国观测日食的历史悠久，历来重视日食的预报，有着世界上最早、最完整、最丰富的日食记录，并且这些记录保持着连续性。例如在《春秋》中，就记载了发生于公元前770年至公元前476年间的37次日食。从3世纪开始，我国对于日食的记录，更是一直延续到近代，长达近2 000年之久。

祖先们对日食的科学解释为"阴侵阳"，即象征"阴"的月亮遮蔽了代表"阳"的太阳，而造成了日食现象。汉墓中出土的"日月合璧"图上，太阳和月亮重叠在一起，应该就是当时的日食记录。世界天文学家普遍认为中国古代日食记录的可信程度最高，为世人留下了珍贵的科学文化遗产。

公元前1217年5月26日，现河南安阳地区发生了一次日食，当地的人们观测到这一现象，并以甲骨文的方式将其记录下来。有人认为，这是人类历史上关于日食的最早记录，然而这一说法始终未获得所有人的赞同。不少天文学家认为，人类历史上最早的一次日食记录应该是在夏朝的仲康元年，记载于《胤征》这篇古文中。梁代天文学家虞邝就持此观点，他还将这次日食命名为"仲康日食"。此后，历代天文学家都曾以不同的方法进行过推算，如僧一行、郭守敬、汤若望、李天经等。到20世纪80年代，关于这次日食发生的时间，已经推算出13种不同的结果。在"夏商周断代工程"启动后，中国科学院陕西天文台、南京师范大学物理系、南京大学天文系等单位的学者用现代方法，对这13种说法进行核算，发现每一种说法都存在问题。专家组经过一系列的计算，最终认为全世界最早的一次日食记录，发生于夏朝仲康时期，其年代在公元前 2043 年至公元前 1961 年之间，距今已有约 4 000 年的历史了。

人们通常以月亮介于太阳和地球之间的时长来表示日食的持续时间。日全食持续的时间一般不会超过 7 分 31 秒。据预测，2186 年大西洋中部地区将发生一次持续时间达 7 分 29 秒的日食。在 21 世纪，总共发生 224 次日食，其中有 77 次不带其他日食的日偏食，72 次日环食，68 次日全食和 7 次全环食[注1]。在 2011 年、2029 年、2047 年、2065 年、2076 年及 2094 年，各会发生 4 次日食。

日全食现象之所以受重视，主要是由于它具有极大的天文观测价值。科学史上有许多重大的天文学和物理学发现，都是在日全食发生之时被发现或验证的。例如，爱因斯坦的广义相对论指出引力场会导致时空弯曲，这一观点就是在 1919 年的一次日食发生之时得到证实的。

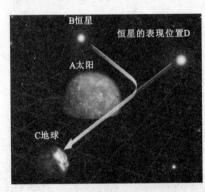

光线引力偏折示意图

1911 年爱因斯坦预言，当恒星的光线接近太阳时，受太阳引力的作用将会有一个小小的偏离，并提出这种恒星光线的弯曲程度是可以测量的。1912 年他提出了"引力透镜"的概念。1915 年爱因斯坦的广义相对论发表，并计算出恒星光线在经过太阳附近时所产生的偏折角度为 1.75 角秒，这就是广义相对论中的"光线偏折"的预言。要想证实这一观点，需要观测太阳周边恒星的位置，而这种观测只有在日全食发生的时候才能做到。从 1912 年到 1922 年的 10 年间，天文学家进行了多次日食观测，其中 1919 年 5 月 29 日，由英国天文学家爱丁顿领导的，在非洲普林西比岛的日食观测，证实了爱因斯坦的预言。1922 年，美国天文学家坎普贝尔在澳大利亚观测过日全食后，证实了爱因斯坦的预言是正确的。就此，爱因斯坦关于"太阳的引力可能引起恒星光线偏折"的观点才得到科学界的普遍认可。

日食的另一个作用是准确推断时间。在夏商周断代工程中，科学家们发现，在周武王起兵攻打朝歌这天，有"天再旦"的现象。经研究认为，所谓"天再旦"，其实是当天凌晨发生了一次日食，由于有了这一记载，学者们终于确认，武王灭商这一天为公元前 1044 年 1 月 9 日。不少人都说，中国古代夏、商、周时期因历史久远，缺乏相应文字记录，因此难以精确地断代，而日食天象就像是一座相当精准的历史时钟，可以帮助后人确定一些历史事件发生的时间。

从恐惧到追逐，人们对日食的观测和记录，铭刻着人类探索自然奥秘、追寻真理的足迹。

注 1：全环食，一种日食现象。在食带内当日食开始和终了的时候是环食，但中间有一段时间可以看到全食，这种日食叫全环食，又叫混合食。

微信扫码
探索宇宙奥秘
☆ 知 识 科 普
☆ 故 事 畅 听
☆ 观 测 指 南

04　　　　　　　　　　地球的胖子伙伴

◇ ……………

　　中国云南一带流传着一个民间传说，名为"亚拉射月"。这个故事是这样说的：从前，月亮有九个角八条棱，比太阳还热、还毒，把人们的脸晒得通红，庄稼苗也都被烤焦了。月亮一出来，老百姓就没法过日子了。有对猎人夫妻，丈夫名叫亚拉，是位神射手，妻子名叫妮娥，又聪明又贤惠，看到这种情况，很替大家担忧。于是，妮娥便让亚拉把月亮射下来。亚拉说："天太高了，射不着。"妮娥给丈夫出主意，让他站在大山顶上射。

　　第二天早上，亚拉照着妮娥说的跑到大山顶上去射月亮，可射来射去怎么也射不着。这时候大山突然裂开，一个长胡子老爷爷走出来告诉亚拉说，必须逮住北山的猛虎和南山的大鹿，用鹿角做箭，用虎尾做弦，才能射得着月亮。

　　亚拉回到家里，把事情的经过详细地讲给妮娥，并把遇到的困难也一并告诉了她：原来北山的猛虎和南山的大鹿由于年深日久，皮都长得很厚，普通的箭根本射不动，需得织一张结实的大网，才能捉住它们。妮娥听了以后，建议用自己的头发来结网。然后夫妻俩花了一个月的工夫，用妮娥的头发织成了一张大网。

　　亚拉带着这张大网，到北山抓住了猛虎，又到南山擒住了大鹿，用虎尾和鹿角做成了弓箭，一口气把月亮的九角八棱都给射掉了，月亮变成了一个圆溜溜的大球，可还是热得厉害。妮娥看了发愁地说："这可怎么办呢？"亚拉说："要是能有一块大锦，绑在箭上射出去，把月亮蒙住，月光就不会这么毒了。"妮娥高兴地说："正好我刚织了一匹丝锦，还在织布机上呢，上边织了一棵梭罗树，一只白兔，还有一群白羊，你拿去用吧！"

亚拉来到织布机旁一看，丝锦上除了梭罗树、白兔和羊群外，还有妮娥。原来妮娥打算把他们的家都织到丝锦上，可还没来得及把亚拉织进去。亚拉急着要用丝锦，就把这幅丝锦从织布机上割下来，绑在箭上，朝月亮射去，月亮果然被蒙住了。这下月光变得清凉了很多，而且月亮上还多了梭罗树，树下还有了白兔和羊群。

月亮升起来了，亚拉和妮娥站在家门口赏月。月亮上妮娥的影子朝地上的妮娥招招手，地上的妮娥不由自主地飘了起来，竟飘到月亮上去了。亚拉急了，从东山跑到西山，想爬到月亮上去，可怎么也上不去，因为蒙住月亮的那块丝锦上没有他。妮娥在月亮上看到亚拉着急的样子，就把头发解开，从月亮上放下来。头发一直垂到地面上，亚拉抓住妮娥的头发，爬到了月亮上。

后来，妮娥在月亮上织锦，亚拉在月亮上放羊、养白兔，夫妻俩过上了美满幸福的生活。人们经常能看到月亮上有淡淡的黑影，那就是亚拉和妮娥。

月亮，又叫月球，是离地球最近的天体，也是至今唯一一个人类亲身访问过的天体。我们的祖先称它为"太阴"，和"太阳"是相对的。正常情况下，在白天你所能看见的唯一一颗星就是太阳，而在夜间月亮则是星空中最为醒目的天体。

月亮是地球的天然卫星，它绕地球公转的轨道为椭圆形，与地球的平均距离为384 401千米。月球的年龄和地球差不多，大约有46亿岁。

我们都知道，月亮是个满脸麻子的大石球，既没有九个角，也没有八条棱。然而，这只是我们如今所见到的月亮，如果能够乘坐机器猫的那架航时机，去到月球刚刚诞生的时候，或许你真的能看到有九个角和八条棱的月球呢。要想把这件事解释清楚，就得从月球的来历说起。

关于月球的起源，人们有过种种猜测。18世纪以来提出的假说总结起来大有三种："同源说"认为，月球和地球是在同一时期，由宇宙尘埃凝集而成的；"分裂说"认为，在太阳系形成早期，还处于熔融状态的地球在高速旋转时，有一部分物质被甩了出去，形成了月球；还有一种"俘获说"认为，月球是在与地球完全不同的地方形成的，后来被地球引力捕捉到，成为地球的卫星。这三种说法都获得了一些科学实验的支持，但它们也都与实际研究的结果有出入。20世纪80年代，一位天文学家提出一种新的假说，即"重塑撞击说"。他认为，在太阳系形成初期，刚刚诞生不久的地球与另外一个天体相撞，撞击产生的碎片经过长时间的积累、凝聚，最后形成了月球。

嫦娥奔月

如果"重塑撞击说"描述的是真的，那么回到46亿年前，我们看到的月亮，很可能就是九角八棱的。不仅如此，在它尚未冷却的时候，也确实如"亚拉射月"里所描述的那样，能放射出很热的光。

在"亚拉射月"里还写道，月亮上有一只白兔。它原本是妮娥织在丝锦上的，后来也被带到了月亮上。事实上，"月中有兔"这一说法，在我国各地流传很广，许多民族都有类似的传说，只是因民族相异，传说略有不同。在大家耳熟能详的神话故事"嫦娥奔月"中，嫦娥吞下不死药向月亮飞去的时候，怀里就抱着一只兔子。

但是，考察中国最古老的典籍，最先登上月球的，并不是那只白兔，而是一只白虎。白虎是怎么变成兔子的呢？这就要从月神的出身说起。

　　上古时期，一神制的太阳神崇拜在华夏大地流行，许多小部落结成联盟，总首领被尊为"伏羲"，即"伟大的太阳神"。伏羲的妻子，被尊称为"女娲"，也就是传说中使用黄土造出了人类的那位女神。据郭沫若和丁山先生考证，女娲的"娲"，在远古时期写作"娥"，意思是"老祖母"。

　　当一神制产生分化，即"太极生两仪"以后，华夏大地各民族崇拜的神分成了两个人：伏羲和女娲，他们分别为日神和月神。与此同时，两位神祇的职能也进一步分化：伏羲除了负责太阳的运行外，还执掌春天，于是他又被称为"春神"。在春天黄昏时分出现在地平线上的青龙星座，也被划为伏羲的星座，因此伏羲又被称作"青帝"，承担起使生物觉醒和生长的责任。相对地，女娲负责月亮的运行，并执掌秋天，又被称为"秋神"。在秋天黄昏时分出现在地平线上的白虎星座，被看作是女娲的星座，因此女娲又被尊为"白帝"，担负着惩罚恶行和使万物入眠的责任。在此基础上，神话传说再次衍生发展，伏羲成为了东王公，女娲则成了后世闻名的西王母。《易经》里说：日为冲、为虚，月为盈、为满。金庸小说中的两位主人公，那对笑傲江湖的侠侣，令狐冲和任盈盈，他们的名字就是由此而来的。

　　由于白虎星座是女娲的星座，而女娲又被看作月神，所以月亮就与白虎联系了起来，"月中有白虎"的说法也由此产生。而在古代，淮楚一带的人将虎称为"於涂"，又写作"于菟"。由于当时中国部落众多，各地语言存在差异，在长期的流传中难免发生"望文生义"的事，于是白虎就渐渐被传成了"白兔"。这就是"月中有兔"传说的真相。

　　在月神和西王母等同起来的同时，月亮中有不死药的传说也应运而生。这一传说的底蕴，应该来自月相的变化。

　　随着月亮每天在星空中自西向东环绕地球公转，它的形状也在不断地变化，这种变化叫作"月相"。月亮自己并不会发光，它是靠反射太阳光才发亮的。随着月亮相对于地球和太阳位置的变化，使它被太阳照亮的一面有时对着地球，有时背向地球，而月球朝向地球的一面，有时被照亮的部分多些，有时少些，这样就出现了不同的月相。

　　当月亮运行到地球和太阳之间，被太阳照亮的半球背着地球，这时候我们看不见月亮，这种情况叫"朔"，也叫"新月"，每个月的这一天便是农历初一。古人称这一天的月亮为"死魄"或"死霸"，而"魄"和"霸"在古时候都与"白"字音相通，当理解为"死白"，即月光消失了。过了朔日，月亮被照亮的部分逐渐转向地球，古人认为这是月光复生，称之为"生白"。在屈原的《天问》中就有"月光何德，死而又育？"的句子，此句中的"育"是"生育"的意思。到了农历十五前后，月亮被照亮的一面全部对着地球，这时的月亮称为"满月"，也叫"望"。古人无法解释月光"死去"又"复生"，进而"圆满"的这种周期性变化，认为月亮有死而复生的能力，于是月亮中有不死药的传说就产生了。

月相变化图

　　在月神女娲向西王母转化的过程中，其名字也发生了多种变化。这种变化是由于华夏地区各个小部落对最初的神话理解不同造成的，也与各地区古文字的读音和字意不同有着极为密切的关系。女娲，在上古时期又叫作"女娥"，由于"娥"字与"仪"字同音，且古代常以"尚"代"上"字作为尊称，所以"女娥"又变成了"尚仪"。而"常"字在古代又经常与"尚"字通用，所以"女娥"又变为"常仪"或"常娥"，最终定名为"嫦娥"。古代的"娥"还与"和"同音，有时也相互通用，因此伏羲和女娲合称为"羲和"。

古时候执掌天文的官吏常以"羲和"为名，其根源就在于此。

在黄帝的传说大行于世之时，女娲又与黄帝的妻子"嫘祖"混同起来，并被赋予"后土娘娘"的称号，有了教授人们采桑养蚕、纺布织锦的功绩。后世的人们经常办春社，祭祀后土娘娘，而土地庙前常会栽种桑树，这些都与女娲的传说有关。过去举办春社的日子被称作"社日"，每逢这天，人们不事生产，聚在土地庙前的桑树下，载歌载舞，欢度节日。这天也是年轻男女们法定的"约会日"，因为女娲娘娘不仅负责保证大地丰收，也会保佑人们多多生育——在远古时期，不管是做男神或做女神，都比现在难得多，也累得多，可不是光在微博上发几张自拍的照片就能成"神"的。每位神祇都有许多职责，也因而就有了许多名号。这是因为那时候文字刚被发明出来不久，汉字比现在少得多，部族首领的称号代代相传，很多人的发明和功绩在长久的传颂中归到一人身上。于是我们勤劳的祖先，就被迫穿越，在这一时代发明了这个工具，又转去另一时代传授那个技术，忙得四脚朝天。

盛名压身的女娲娘娘，不仅掌管着地球上人们的生产和生活，还执掌着月亮的运行，她既是大地女神，又是月亮女神。

女娲塑像

　　月亮自古以来就被看作是地球不可或缺的伴侣。月球绕地球转一周叫一个"恒星月"，这个时间平均为 27.32 天。在绕地球公转的同时，月球本身也在自转，它的自转周期和公转周期是相等的。正是由于这个原因，月亮永远以一面对着地球。

　　地球的公转轨道平面和天球[注1]相交的大圆叫作"黄道"。月球以椭圆轨道绕地球运转，这个轨道平面在天球上截得的圆称"白道"。白道平面不重合于天赤道，也不平行于黄道面，空间位置在不断变化，周期为 173 日。很早以前，人们就根据月亮的运行制订了太阴历。我国的二十八宿在划分时选取的参照物就是月亮围绕地球公转的轨道——白道。

　　作为地球不可或缺的伙伴，月亮对地球有着不可忽视的影响。单就卫星而言，月亮可谓是个"大胖子"。月球有足够大的体积和质量，它的强大引力起到了稳定地球自转的作用，也使得地球在绕着太阳公转时，运行得更加稳当，不至于摇摆或颠簸。

　　地球始终围绕着一个假想的轴自转，这个轴叫"地球自转轴"。如果失去了月球的"搀扶"，地球自转轴的倾斜角度将会产生波动。地球自转轴与地球绕太阳公转的轨道有一个 66°34′ 的夹角，这是地球产生昼夜长短和四季交替的根本原因。一旦地球自转轴的倾角发生改变，地球的四季将失去现在的规律，气候也会受到严重影响。

　　与地球不同，火星有两个小卫星，但是它们的引力都不够强大，所以火星的运转是跌跌撞撞的，它的自转也是不平衡的。火星与地球的不同命运证实了月球的重要性。此外，"胖子伙伴"月球还为地球充当了挡箭牌。如果没有月球，地球也许会被流星撞得千疮百孔，月球上的陨石坑就是最好的证明。

　　现在我们的一天有 24 小时，这是因为地球每 24 小时自转一周。但是在 30 亿年前，地球上的一天只有 14 小时！现在地球的自转变慢了。这是因为月球作为地球的同步自转卫星，与地球之间存在着"潮汐锁定"效应，这就使得地球自转多了一个阻力。月球对地球的引力引发了地球上的潮汐作用，当地球旋转时，海水涌到隆起的部分，海洋中其他地方的水位变浅，海水和陆地之间因相对运动而产生了巨大的摩擦力。这一摩擦现象类似于汽车的"刹车"，最终的结果是地球的自转速度变慢。如果不是月球从很早以前就给地球减速，地球上的空气流动会更快，风力也就会更猛，方向也会有所不同，我们的生活就没有现在这么方便了。

此外，月球是引发地球海水潮汐的主要动力，而潮汐对生物的多样性有着重大贡献。例如，我国海洋潮汐有正规半日潮、正规日潮和混合潮三种类型，在潮间带，生物的种类最多，数量也最大。如果没有月球，地球上的生命不会这样五彩缤纷。

经科学家计算，月球正在以每年4厘米的速度远离地球，这个数据看似微小，但日积月累，终有一天月亮会远离地球。也许在很久很久以后的某天，地球终会失去月亮这个"胖子伙伴"，这将对地球产生极大影响，但幸运的是，我们看不到这一天的来临。

注1：天球是为了研究天体的位置和运动，而引进的一个假想圆球。根据所选取的天球中心的不同，分日心天球、地心天球等。天球的半径是任意选定的，可以当作数学上的无穷大。通常提到的"天球"多指地心天球，即以地球球心为中心，且具有很大半径的假想圆球。

05　　　　　　　　　　金星的多重身份

◇·················

　　在太阳系的八大行星中，水星、金星、火星、木星和土星在很早以前就为人们所认识。这五颗行星在世界各地有着不同的称呼，但无论哪颗行星都不像金星那样拥有那么多的名字。

　　在我国古代，最初把金星看作蚩尤在天上的化身，因为相传青铜是蚩尤开采和冶炼出来的，所以蚩尤被称作"金天氏"，后来转化为"刑天"。他可以说是我国古代传说中的第一代死神。

　　相传蚩尤是炎帝的部下，专职负责制造青铜器。当时的炎帝名叫榆罔，为人和善，没什么魄力。蚩尤见炎帝软弱可欺，便率领他的族人发动政变，自立为新的炎帝。榆罔被迫向堂兄弟（或表兄弟）黄帝求援，并且将自己的部落和黄帝部落合并。在蚩尤叛乱之前，炎帝一直是中原地区的主宰，他们的部落重视农业生产，科技水平在华夏地区首屈一指，而黄帝部落则基本上是个游牧民族。在黄帝与蚩尤的战争中，蚩尤虽然在兵器上占了上风，但是黄帝发明了战车，使军队行动更快，因而才能一举攻克蚩尤的阵地。黄帝也因为发明了战车而被称为"轩辕"。

　　蚩尤后来被擒获，受到车裂的惩处。黄帝和蚩尤的那场战争是中国上古时期第一场大规模战争，牵扯在内的部落非常多，并给许多部落留下了阴影。故此，蚩尤才被看作是死神，同时也是战神。

在"两仪生四象"之后，四季与东西南北四个方位确定下来，每个方位的代表神也就初具模型。"白帝"西王母执掌秋季，负责肃杀、刑罚，其形象为人身豹尾，"戴胜"，即戴着虎头面具。她的手下，有着虎身的陆吾，被奉为死神，职责是看守天门。而陆吾在天上的化身，就是金星。

乃至建立在阴阳学说基础上的五行观念发展成熟，并与时令、方位、行星、音乐、感官、农作物等各个方面联系起来，成为中华思想文化中的一块基石。当时已发现的太阳系内的五大行星均被冠以五行之名，并有了各自的意义。与五行相配的"五帝"为东方太暤、南方炎帝、西方少昊、北方颛顼和镇守中央的黄帝。同时，还产生了"五佐神"作为五帝的辅佐之臣，他们是：东方勾芒、南方祝融、西方蓐收、北方玄冥和中央后土。作为蚩尤在五佐神中的"替身"，蓐收被设计为手中执斧的形象，这和早期传说中的蚩尤是完全相同的。

在一些画像中，蓐收也被画为一手执斧，一手执矩。在古代，"规"和"矩"分别代表"执天"和"掌地"。在伏羲和女娲的画像中，大多时候伏羲手持规，女娲手拿矩。蓐收手里的矩，应当是在他成为西王母的代言人后出现的。后来这把矩就演变成了收割庄稼的镰刀——它同时也收取人的性命。这是因为蚩尤最早作为炎帝的部下，被奉为农神的缘故。古汉语里，蚩尤的"蚩"字是小虫的意思，"尤"则是"由"的假借字，而"由"字在古代与"农"字通用。据《钱谱》记载："神农币文'农'作'由'。"农神的武器，自然非镰刀莫属了。

蓐收画像

在我国古代，金星在凌晨出现时被称作"启明"，在黄昏出现时则被称为"长庚"，民间则称其为"太白金星"，其形象是个有着很长白胡子的老头儿。这个形象来自大禹的儿子启。

作为夏朝的开国君主，启通常又被称作"夏后启"，这个"后"是"执掌"的意思。关于启这个名字的来历，民间传说是这么讲的：大禹在治水期间，娶了涂山氏的女娇。女娇发现大禹变身为黄熊去开山，觉得很惭愧，就化身为一块石头。大禹回来，问石头要儿子，于是石头裂开，生出了启。大禹给儿子取名叫启，是为了纪念"石头开启"这件事——这或许可以解释为何太白金星会那么热心地帮孙悟空在玉皇大帝面前说好话，因为他跟孙猴子一样都是从石头缝里蹦出来的。这个传说并非是最初、最原始的解释，它是后人编造的。金星之所以被称作启明，并被视作天门的守卫，是因为它先太阳升而升，后太阳落而落。

在禹执政时期，盛行太阳崇拜，于是大禹被尊为太阳神。启作为大禹治水时的助手和开路先锋，正和金星一样"先太阳而行"，这就是启被叫作"启"的原因，也是启作为金星化身的主要原因。由于西王母主西方，对应的颜色是白色，所以金星又有了"太白"的称呼。据野史记载，启在创立夏朝、登基称王时，年纪已不小，头发胡子都白了，正和传说中的太白金星一模一样。

《汉书·天文志》中记载："太白经天，天下革，民更王，是为乱纪，人民流亡。"意思是：在大白天看到太白金星时，天下要改朝换代，更换君主，乱世之下，人民流离失所。这与"蚩尤"及"启"的象征意义是相同的。启开创夏朝，在位9年，留下的唯一一篇文字记载是征讨有扈氏时口述的一篇檄文，名为《甘誓》。相传启废除了之前的禅让制，通过武力征伐伯益，将其击败后，采用了世袭制。有扈氏不服，两家遂动起刀兵，最后启获得了胜利，巩固了夏朝的统治。从启一生的事迹来看，他倒真无愧于"死神"这一称呼了，堪称蚩尤的继承者。

启的好战，不仅体现在开创夏朝之后。在西汉扬雄等人编撰的《蜀王本纪》里记载了古蜀国灭亡的经过，也可能跟启有关。原文是这么说的："……时蜀民稀少。后有男子，名曰杜宇，从天堕，止朱提。有一女子，名利，从江源井中出，为杜宇妻。乃自立为蜀王，号曰望帝……望帝积百余岁，荆有一人，名鳖灵，其尸亡去，荆人求之不得。鳖灵尸随江水上至郫，遂活，与望帝相见。望帝以鳖灵为相。时玉山出水，若尧之洪水。望帝不能治，使鳖灵决玉山，民得安处……鳖灵即位，号曰开明帝。"文中的"荆"，是"荆楚"的简写，"荆楚之地"位于湖北省中南部，地处长江中游和汉水下游的江汉平原腹地。文中的"朱提"，为今天的云南省昭通市。该地以产银而闻名，因夷人称银为"朱提"，所以此地就以"朱提"为名了。还有，在南方彝族文献中"天"或"天上"还含有外氏族的意思。而鳖灵，也就是龟，说得更准确点儿，"鳖灵"是以龟为图腾的部落的首领。在古蜀国建立时期，这个部落应该是支新生力量。由中国古代星座图可以知道，龟实际上是玄武的一部分，而玄武星区是以夏朝的祖先来命名的。玄武画出来是龟和蛇的结合体，其中龟是大禹的父亲鲧，蛇是大禹的母亲女修。所以，号为"鳖灵"的这个人，实际上是鲧的子孙，联系上下文看，这个"鳖灵"应该就是后来接替大禹执政的启。

那么，杜宇又是谁呢？《山海经》中有这样一段记载："夏后启之臣名孟涂，是神司于巴。"在《山海经》的《海内西经》里，则是这般描述的："开明兽身大类虎，东向立昆仑山上。"将这两段记载结合起来看，意思是启有一只像虎一样的大兽，长着人的面孔，镇守在昆仑山上，名叫孟涂。

其实，孟涂，很可能原本写作"孟涂"，与"于菟"谐音，意思是虎。《左传·宣公四年》记载："楚人谓虎于菟。"而事实上，"于菟"这两个字并无一定写法，在许多古籍里，还写作"孟涂"、"於涂"等等。而杜宇，应该写作"宇杜"，其实就是那位"司于巴"的孟涂。也就是说，杜宇，是一位以虎神为号的部落首领，在启执政的年代，他统治着四川郫县一带。

杜宇自立为王时为自己取的号也很说明问题。满月称为"望"，望帝的意思就是"满月之神"，简称"月神"。结合西王母的出身来看，古蜀国的人崇拜的是月神。他们的首领以月神女娲的"宠物"为名，自号为虎，是非常自然的事。最能说明问题的是现存于成都附近的三星堆。它是猎户三星在地面上的映射。我国古代称猎户三星为"参"，归为白虎星座，也就是女娲——西王母的星座。三星堆当是为了祭祀西王母而修建的。

近年来考古学家们针对四川的三星堆遗址做了数次细致的考察。有些学者认为，根据已发掘出的文物推断，三星堆古城属于当时古蜀文明的中心城市，这样的社会历史发展水平只能与文献记载中的"杜宇之世"相匹配。而著名科幻小说作家童恩正先生在生前曾偕同刘兴诗先生考察过该地，也发现了古时洪水暴发遗留的痕迹。

此外，需要说明的是杜宇妻子的来历。江源的"江"字，很可能是后世在传抄古文件时用的一个假借字，它的本字应该是"姜"。源字是"嫄"的假借字。姜嫄氏在传说中是帝喾的妻子，上溯其家族，可以发现她是炎帝部族的后人，姓有骀氏，参星之神实沈以及惊吓过晋平公的台骀，都是有骀国的后裔。这段文献中的"井"指的应该是井宿。上古时期，人们提及家乡时，通常会以所属星宿来代替地名。周朝以前，包括周代的分野，井宿所对应的地点是现在的陕西关中一带，正是姜姓部落居住的地方。历史上的姜子牙就是关中当地的部落首领，在帮助武王打败纣王后，才领到了山东的封地。

根据现已掌握的上古时期的风土人情去分析扬雄的这段记载，故事就清晰地浮现出来了：很早以前，居住在四川的人还很少，从四川盆地外来了一个名叫杜宇的男人，最初留住在朱提这个地方。后来他娶了姜姓女子为妻，并借助妻子部族的势力，当上了蜀国的国王，号称"望帝"。杜宇执政若干年后，国内发生了大洪灾，百姓流离失所，而杜宇除了整日祈祷外什么也不会做。这个时候，启从湖北地区偷偷摸摸地来到了蜀地，带来了先进的治水技术。治水成功之后，启就被众乡亲推举为当地的部落首领。古蜀国也就成为他继任夏朝帝王的第一笔政治资本。而可怜的望帝却因无法对付大水而被放逐，终日在山上啼哭。

在另外的传说里，望帝死后化作了杜鹃，自此就有了"望帝啼鹃"这个成语。如果以当时的风俗来衡量的话，望帝很可能在启篡位之后，投奔了附近以鸟为图腾的部族。杜鹃，又名子规，也叫布谷鸟。若是以后世流传的"子规啼血"这一词语来推测，则杜宇很可能被启杀掉了。倘若真是这样，在启篡位时逃过劫难的望帝下属将启——金星看作死神，也是理所当然的事了。

将金星视作死神的还有中美洲的玛雅人。玛雅人非常重视金星，认为它是"羽蛇神"奎札科特尔在天界的化身。不仅如此，他们还推算出了金星历，为 583.92 天，即每过 583.92 天，太阳、金星、地球三者会呈现相同的位置排列。此外，在玛雅人的习俗中，虎有着很重要的地位。在玛雅传说里，现代为"第五太阳纪"，神在这一纪创造了 4 位玉米人，是现代人的祖先，他们分别叫作笑面虎、夜行虎、无相虎和月光虎。后来的一位玛雅国王，还自名为"美洲虎·爪"。对金星和虎的崇拜，显示出玛雅人似乎与中国古代文化有着千丝万缕的联系。

和在中国待遇一样，在希腊，金星也有两个名字，早晨出现时，它叫"福斯福洛斯"，而在黄昏出现时它叫"赫斯珀洛斯"。传说中，福斯福洛斯和赫斯珀洛斯是一对兄弟，都是提坦族的巨神。古希腊人并不知道早晨出现的"启明"和傍晚出现的"长庚"实际上是同一颗星，所以安排了两位神祇来主管同一天体。

古巴比伦人在对金星的认识上，比古希腊人要清楚。他们早就知道作为晨星的金星和作为昏星的金星是同一颗星。并且，由于金星是夜晚除了月亮以外最亮的天体，所以古巴比伦人以美神"伊什塔尔"的名字为其命名。古希腊人从古巴比伦人那里学得了金星的知识后，也继承了古巴比伦人的风俗，将金星的名字换成爱神"阿佛洛狄忒"。从此，福斯福洛斯与赫斯珀洛斯就都被阿佛洛狄忒取代了。后来罗马人又用他们的爱神来代替阿佛洛狄忒，就是我们所熟知的"维纳斯"。现在国际天文学界称呼金星都使用"维纳斯"这一名称。

在古希腊的传说中，阿佛洛狄忒诞生于海洋。当时的天神名叫乌拉诺斯，他也是众神的父亲。乌拉诺斯的儿子克洛诺斯想夺取大神的统治地位，于是向父亲挑战。在这场对战中，克洛诺斯取得了胜利，并砍下了乌拉诺斯的生殖器。被砍落的部分和血滴落进海

维纳斯塑像

里，激起浪花，在浪花中诞生了美神阿佛洛狄忒。阿佛洛狄忒不仅是美神，也是爱神，无论哪个神祇都无法摆脱她的魔力。

古罗马人几乎全盘借鉴了古希腊的神话传说，当然也没忘记给福斯福洛斯在古罗马神话里安排一个位置，只不过将福斯福洛斯改名为路西华，意思为"发光者"或"晨星"。

在很多古典艺术作品里，福斯福洛斯都被描绘为一个手持火炬的俊美青年。但变成路西华之后，待遇却完全不同了。在《圣经》中，路西华被写成上帝耶和华手下的大天使长，后来率众叛变，成了堕落天使。他在与米迦勒的战役中被击败，落入地狱，从此之后成为掌管地狱的魔王，并改名为撒旦。文艺复兴时期的英国诗人弥尔顿在他的长诗《失乐园》中描写了这段传说，且痛心疾首地呼唤着路西华的名字呐喊："光明之子啊！你竟何坠落？"

死神撒旦的形象我们都很熟悉，在国外的诸多作品里，他都被描绘为一个披着黑斗篷、手持大镰刀的骷髅。其实"撒旦"这个名字，来自罗马神话里的农神萨图恩，土星就是以这位农神的名字来命名的。这个萨图恩，在古希腊神话里的原身，就是推翻了自己父亲的克洛诺斯，后来他又被自己的儿子宙斯打败，宙斯就成了新一代的天王。

尽管国籍从中国换到了罗马，但死神依然是农神，手里拿着的，还是那把能收取人性命的大镰刀。从死神的形象上，依稀能够看到中国古代文化对世界的影响。

或许"路西华"这个名字对金星来说是最合适的，因为在某些方面，金星真的很"逆天"——

金星的自转为逆向，即自转方向与公转方向相反，这是太阳系八大行星中独一无二的现象。因此，假若你站在金星上，会发现太阳是从西边升起来的。

金星是太阳系中唯一一颗没有磁场的行星。在八大行星中，它的轨道最接近圆形。金星非常钟爱地球，它与地球距离最近时，总是以同一个面面对地球，这种情况每 5.001 个金星日发生一次——当然，这可能是潮汐锁定作用的结果。

金星同月球一样，也具有周期性的圆缺变化，即位相变化，但由于金星距离地球太远，用肉眼是无法看出来的。关于金星的位相变化，曾经被伽利略作为证明哥白尼日心说的有力证据。

作为一颗行星来说，金星有时候实在亮得有点儿不像话，以至于有人把它当作了 UFO。1944 年，美国海军"纽约号"战舰前往硫磺岛参战途中，发现了一个银白色的圆形物体，高度紧张的美军官兵认为该物体可能是敌人的侦察气球，于是船长下令向"气球"开炮。后经领航员计算，这个被炮轰的不明物体是金星。

金星的表面温度很高，最高达 485℃，不存在液态水，大气压约为地球的 90 倍，并且其上空闪电频繁，每分钟多达 20 多次。这些恶劣条件，给人类探索金星造成了极大的困难。所以，金星，这颗地球的姊妹星，到底是美神的化身，还是最终修炼成死神的堕落天使，目前我们还没法下定论。

06　缤纷的火星文化

◇ ....

　　蒂姆·奥哈拉是一位新闻记者，住在洛杉矶。某日，在外出采访途中，他目睹了一艘太空飞船从天空坠落。蒂姆迅即赶到事发地点，从破损的太空船里救出了一位衣着怪异的驾驶员。经过简单的交谈，蒂姆得知自己救下的这个人来自火星，由于飞船出了事故，而临时降落在地球上。为了修复损坏的飞船，并寻找重新启动飞船的能源，火星人被迫化身为地球人在蒂姆家暂住。好心的蒂姆为了保护火星人，对外宣称他是自己的叔叔，还根据"火星"的英文发音为他取了个谐音的名字叫"马丁"。从此，马丁叔叔作为蒂姆家的一分子，开始了他的地球生活。这位马丁叔叔神通广大，能看穿别人的心思，能使用超能力遥控和移动物体，头上可伸缩的天线一旦冒出来就可以让自己隐身……他的特殊能力以及他对日常生活中琐碎小事的奇特处理方法，引发了一个接一个的问题。尽管蒂姆常常不得不为了收拾马丁叔叔制造的"烂摊子"而疲于奔命，但在蒂姆遇到困难时，马丁叔叔总是挺身而出，凭借他超人的智慧和与生俱来的能力使蒂姆化险为夷。而在应付层出不穷的麻烦的同时，马丁叔叔也并没有忘记为返回火星而努力……

火星叔叔马丁

　　《火星叔叔马丁》是一部带有科幻色彩的系列喜剧，由美国 CBS 公司制作，从 1963 年起播出了三季，共 107 集，每集 30 分钟。这部电视系列剧的主角是一位性格和善、机智幽默的火星人。20 世纪 80 年代中后期，广东电视台将该剧引进中国，播出后曾引起一阵热潮。

　　大家都知道，火星是太阳系八大行星之一。以太阳为中心，由内向外数，火星排在第四位。火星是一颗类地行星，直径约为地球的 53%，自转轴倾角、自转周期都与地球相近，公转一周约为地球公转时间的两倍，为 686.98 日，因此，火星上也有四季变化，只不过每一季节的时长差不多为地球的两倍。

　　在我国古代，把火星称作"荧惑"，因为它"荧荧似火"，亮度时常变化，而且运行情况比较复杂，有时顺行，有时逆行，不容易找准规律，很让人困惑。

　　古人认为荧惑和国事有密切关系，而且多是干旱、战争等不幸事件，更为凶险的是，皇帝可能因此丧命。在《魏书》里有这样一段记载：魏太史奏，"荧惑在匏瓜中，忽亡不知所在，于法当入危亡之国，先为童谣妖言，然后行其祸罚。"魏主嗣召名儒十余人使与太史议荧惑所诣。崔浩对曰，"按《春秋左氏传》：'神降于莘'，以其至之日推知其物。庚午之夕，辛未之朝，天有阴云，荧惑之亡，当在二日。庚之与午，皆主于秦；辛为西夷。今姚兴据长安，荧惑必入秦矣。"众皆怒曰，"天上失星，人间安知所诣！"浩笑而不应。后八十余日，荧惑山东井，留守句己，久之乃去。秦大旱，昆明池竭，童谣讹言，国人不安，间一岁而秦亡。众乃服浩之精妙。

这段记载里的崔浩是南北朝时期北魏著名的政治家和军事谋略家，他精通天文，善于做星占，对荧惑的这个"预言"，就是他诸多星占中最为出色的一次：某一天，掌管天文的太史启奏北魏皇帝拓跋嗣说："火星在匏瓜星中出现，忽然又不知跑到哪里去了。按道理说，它应该到形势险峻且马上就要灭亡的国家去。它出现的那个星宿所对应的国家，先出现童谣妖言，然后再发生祸乱，这是上天对该国的惩罚。"拓跋嗣召集了十几个有名的儒士，让他们与太史一起讨论，参悟火星所示的含义，推测星落的方位。崔浩说："按照《春秋左氏传》的说法：'神灵在莘地（古莘国）降落'，根据日期推测，可以得知这个神灵是谁。庚午日的晚上，辛未日的早晨，天上有阴云密布，火星失踪的时间，应该是在这两天。庚和午对应的都是秦国，辛指的是西方的夷族。现在姚兴据守在长安，火星一定是降临到秦国去了。"众人听后，都很不高兴地指责他说："天上丢失了一颗星星，地上的人怎么能知道它掉到哪里去了？"崔浩并不回答，只是微笑。80多天以后，火星突然又在井宿附近若明若暗地出现，很长时间才消失。不久，秦国大旱，昆明池中的水也枯竭了，各种谣传纷纭不休，百姓人心不安。只隔了一年，秦国的国君死了，秦国也灭亡了。这时大家才信服了崔浩的过人才智。

也许是由于火星的颜色容易使人联想到鲜血和战火，在古代，无论是东方还是西方，都常把它和战争联系起来。古希腊人以他们神话中的战神"阿瑞斯"来称呼火星。而到了古罗马人那里，火星的职务没变，名字却改为"马尔斯（Mars）"，这也是目前国际天文学界对它的通称。

关于"火星上有智慧生命"的传言，其实起源于一个翻译上的失误。

火星在椭圆轨道运行时，与地球的距离有较大的变化。大约每隔两年零两个月，火星接近地球一次；每隔15～17年火星会有一次"大冲"，这时它与地球特别接近。

1877年火星大冲时，意大利天文学家乔·斯基亚巴雷利在观测后宣称，他在望远镜中观测到火星表面有几百条"河流"样的黑暗条纹，并发表了手绘的火星图。斯基亚巴雷利将这些条纹称作"Canali"，即"河流"之意。但这个词在翻译成英文时被译成了"运河"，此后的几十年里，观测火星表面的"运河"便成了火星研究的重要课题。

美国的天文学家洛韦尔也发现了"Canali"，并认为这些"Canali"整齐笔直，非自然所能形成。他据此推测火星上曾有过智慧生命，但如今已经消亡，消亡的原因之一就是缺水。

洛韦尔的推测极大地刺激了科幻作家们的想象，以火星人为题材的科幻小说应运而生。火星人中最经典的形象为水母型，源自英国小说家赫伯特·乔治·威尔斯在1898年发表的著名科幻小说《世界大战》（又名《大战火星人》）。1938年10月30日，美国的奥森·威尔斯据此编写了一档火星人进攻地球的广播节目，并在新泽西州播出。虽然在节目开始时就已说明这是科幻，但很多不明真相的听众仍然信以为真，新泽西州居民尤其惊恐不安，数百人驾车出逃。

或许是威尔斯的小说给读者的印象太深，此后大多数科幻作品中出现的火星人，都对地球人持敌对态度。1996年由华纳兄弟娱乐公司出品的《火星人玩转地球》可谓是这些作品中的代表。其主要内容是这样的——

据新闻媒介报道，火星人正乘坐着一艘碟状飞船抵近地球。他们要在地球上挑起一场战争，进攻的首选目标是美国。但美国政府尚未弄清这些不速之客的来意，总统希望同火星人协商，以寻找一个和平解决事端的途径。因此，下令为火星人的到来准备一个隆重的欢迎仪式。

总统召见了火星专家凯斯勒教授和凯西、戴克两位将军，共同商讨对付火星人的计划。凯西和总统意见一致，认为火星人是和平的使者，与火星人建交并共建和平、友好的星际秩序，是人类迈向宇宙的第一步。凯斯勒教授是多年研究火星人的专家，他提示大家要小心谨慎，提高警惕，防止火星人对人类发动突袭。虽然政府对此事非常紧张，但大部分美国人对火星人的到来持一种漫不经心的态度。

《火星人玩转地球》剧照

飞船在美国海军基地降落。火星人个个面目狰狞，头戴巨大玻璃罩，全副武装，持有杀伤力极强的激光武器。他们在欢迎仪式上大开杀戒，并使用种种恶劣手段，百般捉弄怀着美好希望来欢迎他们的地球人。

火星人在美国各大城市横行无忌，一位老妇人特玛·诺里斯偶然发现了火星人的弱点：配合老式歌曲的高频音乐可以摧毁火星人……一场浩劫终于结束，地球人获得了拯救。

这部由蒂姆·伯顿执导的科幻片动用了众多明星，演绎了一个富有反讽意味的荒诞故事。抛开其科幻色彩，《火星人玩转地球》

想要告诉大家的是：事实上，是地球人自己出了问题。这个问题，只有渗透在温馨老歌里的旧日的美好情怀，以及互相帮助的精神才能解决——也就是说，在这部影片中，面貌丑陋、装束怪诞的火星人只是承载危机和问题的工具。

相比诸多心怀恶意的火星人，马丁叔叔显得十分"另类"，但却平易近人得多，也可亲可爱得多。1999 年，《火星叔叔马丁》被改编为电影，由克利斯托弗·洛伊德主演，当年在电视剧中扮演火星叔叔的雷·沃尔斯顿再次出演了马丁叔叔，并最终回到了火星上。

最为和善也最为弱小的火星人，出现在日本漫画《机器猫》中——它们是机器猫利用火星上的微生物造出来的，并在机器猫的先进道具下迅速进化，制造出宇宙飞船，来到地球考察。在发现地球人个个"十分凶暴"，而且对外星人极其不友好之后，微小的火星人认为，有着这样的邻居实在是件很危险的事，于是集体移民去了太阳系外。

机器猫制造出的微小火星人还算不上离奇，最为离奇的是被记载在我国著名科幻作家查羽龙先生《地狱之火》中的火星人。据这本小说记载，在遥远的年代，红星球上旷日持久的世界大战终于结束，在摩罗山谷的军方科研基地中封闭多年的核能武器研究员骆清风回到家乡，却意外发现曾是敌军核能武器基地的布伦格尔山区出现了超强浓度的核泄漏。原来，不甘覆灭的敌军为了不让联盟缴获布伦格尔山区里的大量核能原料，在溃退之前，他们将基地中所存的全部核能原料就地倾倒。

布伦格尔山谷中岩层构造特异，敌军的这一做法，无异于在巨大的山腹中装填了一枚威力无穷的氢弹。在经过数千年科技文明发展的红星球上，核能已成为不可缺少的重要资源，红星球的地层深处，布满了密如蛛网的全球能源配送管线。一旦布伦格尔山区的核能原料泄漏引发爆炸，定会使得密布全球的轻核高能原料产生剧烈的链式反应，形成席卷红星球每一寸土地的核破坏。

联盟星际战略署获知这一紧急情况后，决定启动两项紧急应对方案，首要一点就是派遣联盟最优秀的工程师夏华率领一支敢死队，设法潜入布伦格尔山谷腹地，想尽一切办法，阻止核能原料的继续堆集。而另一路则由天才设计师挪亚负责，重启因战争而搁置的移民计划，加速调试红星球最大的宇宙飞船——"方舟号"，以便在核爆炸无法避免的一刻，将尽可能多的精英人士救离红星球。

红星球太空署早年间曾在太阳系中重点开发过那颗与之形态相近的蓝星球，甚至曾依靠科技的力量引导一颗彗星撞击蓝星球，将其地轴修正，并产生出更加利于人类居住的环境，"方舟号"的目的地，就是已成为人类乐园的蓝星球。

由于战争引发的一系列问题，夏华率领的敢死队在遭遇不少困难后，虽然以生命为代价成功延迟了布伦格尔山区的核爆炸时间，但最终依然无法避免爆炸的发生。布伦格尔山在爆炸中被送入太空，碎裂成红星球的两颗卫星。与此同时，核爆炸耗尽了红星球上所有水分，也耗尽了人们存活的所有生命源泉，唯有"方舟号"上的几千精英，抢在爆炸之前腾空飞离，向着蓝星球——那个新的家园艰难前进，他们也许将成为蓝星球上新一轮文明的祖先……

虽然小说中并未点明，但通过作者的细腻描写，我们不难猜到，红星球就是火星，而蓝星球就是我们的地球。《地狱之火》的不凡之处在于它提出了一个非常独特的观点，从而给人们解释了火星因何失去了大部分磁场，火星的两个卫星从何而来，地球为什么有那么大、那么胖的一颗卫星等一系列科学史上的重大问题，同时还说明了在进化历程中，古猿和人类之间为何缺失了一个环节。如果《地狱之火》中描写的一切确实发生过，那么这部作品中的火星人，理应获得"对地球人最佳贡献奖"。然而，从另一方面衡量，我们悲哀地发现：早在许多许多年以前，地球就已被火星人占领了——我们竟然是火星人的后代！

自从周星驰在他的代表作《少林足球》中对打扮怪异的女主角阿梅说出"你快点回火星吧，地球是很危险的!"这句名言后，"火星"一词遂被年轻人用来形容不同寻常的怪异事物。这或许能够解释，为什么在本应平淡的日常生活中，我们经常会遇到一些怪异的人、怪异的事——我们是火星人的后裔嘛。

虽然迄今为止我们并未发现半个火星人，但"火星文"却迅速传播开来，为人熟知。据考证，"火星文"起源于中国台湾。随着互联网的发展，一些上网族最初为了打字方便，用注音文替代一些常用文字在网上交流，达到了快速打字兼可理解内容的效果。互联网的发展为"火星文"的快速推广起到了推波助澜的作用，网络也因而成了"火星文"发展的"创业实验田"。"火星文"主要由汉字中的生僻字、异体字、繁体字以及韩文、日文、符号组成，有时还夹杂着外来语和方言。有关人士表示，使用这种所谓的"火星文"实际是人们语文能力低下的表现，它的出现会导致大量使用这种"语言"的人越来越不会说中国话。

那么，火星人真的存在吗? 这个问题从斯基亚巴雷利的时代一直延续至今。1976 年，美国宇航局发射了"海盗 1 号"火星探测器。该探测器传回的照片中，火星地表上的一块石头看起来好像一张巨大的人脸。有人因此宣称，这张"火星上的脸"表明了那里曾经存在着高度发达的文明，这块石头附近的另外一些石头也被说成了"金字塔"和"城市"。这张照片不仅长久占据了报纸、杂志和广播电视，后来还被好莱坞搬上了银幕。不过，1998 年科学家们操纵新的"火星环球勘探者"探测器给"人脸"地区拍摄了一张新照片，在新的照片中根本辨认不出"人脸"。

关于火星人是否存在的争论远没有结束。美国宇航局的"勇气号"火星探测器发回一系列火星表面的照片，有位天文爱好者竟在其中一张照片上发现一个类似女性外形的"火星人"。一位网友对此评论道："人类的眼睛非常容易被欺骗。"

火星上的"人脸"　　　　　　　火星"女人"

　　也许我们人类永远也无法发现火星人，但回顾"火星人"给我们留下的这许多话题，以及众多的文艺作品，我们应该感到欣慰——尽管人类尚未登上火星，却已创造出了缤纷的火星文化。

　　假如有一天有人问你："火星人都去哪儿了？"你可以淡定地回答："哦，很早以前，他们都变成地球人了。"

　　而在遥远的未来，我们的后代子孙可以去火星定居的时候，也许有人会问："地球人都去哪儿了？"他们的回答是："都变成火星人了。"

微信扫码
探索宇宙奥秘
☆ 知 识 科 普
☆ 故 事 畅 听
☆ 观 测 指 南

07　雷电锤的牺牲品

◇ ....

　　这是一个久经流传的古希腊传说：太阳神赫利俄斯与海洋女神克吕墨涅生有一对儿女，儿子名叫法厄同，女儿名叫赫利阿得斯，兄妹俩住在人间。赫利俄斯负责太阳的运行，不能经常到人间看望两个孩子，但是他非常疼爱这对儿女，尤其是儿子法厄同，几乎是有求必应。

　　有一天，法厄同突然来到了太阳神的宫殿，要找父亲谈话。他迈进大殿，看到宫殿内的威武仪仗，感到万分震撼。太阳神对法厄同的到来感到又惊奇又高兴，亲切地问他来此有什么事。法厄同对父亲说："尊敬的父亲，因为大地上有人嘲笑我，谩骂我的母亲克吕墨涅。他们说我自称是天国的子孙，还说我是杂种，说我父亲是不知姓名的野男人。所以我来请求父亲给我一些凭证，让我向全世界证明我的确是您的儿子。"

　　赫利俄斯收敛了围绕头颅的万丈光芒，吩咐年轻的儿子走近一步，然后拥抱着他说："不管在什么地方，我永远也不会否认你是我的儿子。为了消除你的怀疑，我可以送你一件礼物。我指着冥河发誓，无论你想要什么，我一定满足你的愿望。"

　　冥河，又叫宣誓河。在传说中，不管是谁，只要指着冥河发誓就必须遵守誓言，即使是神祇也不能违背。法厄同兴奋地说："那么请您首先满足我梦寐以求的愿望吧，让我有一天时间独自驾驶您的那辆带翼的太阳车！"

这个要求使赫利俄斯感到十分惊恐。他露出后悔的神色，摇着头说："孩子，你最好另提一个要求吧。"

可是法厄同坚持最初的要求，不肯改变主意。赫利俄斯叹着气说："如果我能收回誓言该多好啊。"接着他向法厄同解释道："你的要求远远超出了你的力量。你还年轻，而且又是人类！到目前为止还没有一个神敢像你一样提出如此狂妄的要求，因为他们知道，除了我以外，他们中间还没有一个人能够站在喷射火焰的车轴上驾驶它。我的车必须经过陡峻的路，即使在早晨，马匹精力充沛时，拉车行路也很艰难。旅程的中点是在高高的天上，当我站在车上到达天之绝顶时，也感到头晕目眩，只要我俯视下面，看到辽阔的大地和海洋在我的眼前无边无际地展开，便吓得双腿都发颤。过了中点以后，道路又急转直下，需要牢牢地抓住缰绳，小心地驾驶。甚至在下面高兴地等待我的海洋女神也常常担心，怕我一不注意从天上掉入万丈海底。你只要想象一下，天在不断地旋转，而我必须竭力保持平行，便可知了。因此，即使我把车借给你，你又如何能驾驭它？"

听父亲这么一说，法厄同感到很不服气，固执地说他只想驾驶太阳车。赫利俄斯苦口婆心地劝道："我可爱的儿子，趁现在还来得及，放弃你的愿望吧。你可以重提一个要求，从天地间的一切财富中挑选一样。我指着冥河起过誓，你要什么就能得到什么！"

这番劝慰法厄同全都没有听进去。由于太阳神已立过神圣的誓言，不能违约，他不得不拉着儿子的手，把他带到太阳车旁。豪华精美的太阳车使法厄同惊叹不已。

天已破晓，星星一颗颗隐没，新月的弯角也消失在西方的天边。众女神从豪华的马槽旁把喷吐火焰的马匹牵了出来，忙碌地套上漂亮的辔具；喂饱了可以长生不老的饲料。赫利俄斯用圣膏涂抹儿子的面颊，使他可以抵御熊熊燃烧的火焰。他把光芒万丈的太阳帽戴到儿子的头上，不断叹息地警告儿子说："孩子，千万不要使用鞭子，要紧紧抓住缰绳。马儿会自己飞奔，你要控制它们，使它们跑慢些。你不能过分地弯下腰去，否则地面会升起腾腾烈焰，甚至会火光冲天。可是你也不能站得太高，当心别把天空烧焦了。"可是法厄同只顾幻想着自己驾驶太阳车时的威风，根本没注意听父亲的嘱咐。

东方露出了一抹朝霞。赫利俄斯不放心地做最后一次努力："上去吧，黎明前的黑暗已经过去，抓住缰绳吧！或者——可爱的儿子，现在还来得及重新考虑一下，抛弃你的妄想，把车子交给我，让我把光明送给大地，而你留在这里看着吧！"

法厄同好像没有听见父亲的话，"嗖"的一声跳上车子，兴冲冲地抓住缰绳，朝着忧心忡忡的父亲点点头，就驾车奔向天堂的门口。

女神泰西斯打开天堂的大门，看着太阳车驰过。她是克吕墨涅的母亲，法厄同的外祖母，可她并不知道，今天驾驶马车的并不是太阳神，而是她的外孙。

太阳车飞速向前，奋勇冲破了拂晓的雾霭。四匹马灼热的呼吸在空中喷出火花。它们似乎感觉到今天驾驭它们的是另外一个人，因为套在颈间的辔具比平日里轻了许多。太阳车在空中颠簸摇晃，如同一艘载重过轻、在大海中摇荡的船只。不久，四匹带翼的马觉察到情况异常，离开了平日的故道，任性地奔驰起来。

法厄同驾太阳车

　　法厄同颠上颠下，感到一阵战栗。他找不到原来的道路，更没有办法控制肆意驰骋的马匹。当他偶尔朝下张望时，看见一望无际的大地展现在眼前，他紧张得脸色发白，双膝也因恐惧颤抖起来。惊慌之余，他不由自主地松掉了手中的缰绳。马匹拉动太阳车越过了天空的最高点，开始往下滑行。四匹马漫无边际地在陌生的天空中乱跑，它们掠过云层，云彩被烤得直冒白烟。

　　此时，下面的大地也受尽炙烤，因灼热而龟裂。田里几乎冒出了火花，草原干枯，森林燃起了大火，又蔓延到广阔的平原。庄稼全被烧焦，耕地成了一片沙漠，无数城市冒着浓烟，农村烧成灰烬。山丘和树林烈焰腾腾，河川都干涸了，大海也在急剧地凝缩，人们更是被烤得焦头烂额。

　　法厄同看到世界各地都在冒火，热浪滚滚，他自己也感到炎热难忍。他的每一次呼吸都好像是从滚热的大烟囱里冒出来似的。他感到脚下的车子好像一座燃烧的火炉，浓烟、热气把他包围住了，从地面爆裂开来的灰石从四面八方朝他袭来。最后他支撑不住了，马和车完全失去了控制。

　　大神宙斯看到天地间一片混乱，为了制止这场灾难，他只好举起了手中的雷电锤，向法厄同击出一道闪电。法厄同一头扑倒，从豪华的太阳车里跌落，如同燃烧着的一团火球，在空中激旋而下。他的尸体被烧得残缺不全，四处散落，最终跌落在埃利达努斯河中。

　　赫利俄斯目睹了这悲惨的情景，他抱住头，陷入深深的悲痛之中。

　　水泉女神那伊阿得斯怀着同情之心埋葬了这位遇难的年轻人。绝望的母亲克吕墨涅与她的女儿赫利阿得斯抱头痛哭，她们一连哭了四个月，最后温柔的妹妹变成了白杨树，眼泪成了晶莹的琥珀。

　　法厄同的这一传说，形成时间非常早。在流传过程中，又经古希腊本地和国外的文学家或考古学家修改、加工，故事里的一些细节有所改变。在德国著名浪漫主义诗人施瓦布编纂的古希腊神话里，法厄同被写作是阿波罗的儿子。

　　在天文学界，提起法厄同这个名字，通常会联想到火星与木星之间的小行星带。

在太阳系内，介于火星和木星轨道之间，有个小行星密集的区域，98.5%的小行星都在此处被发现。这个区域聚集了大约50万颗小行星，因此被称为小行星带。它距离太阳约 2. 17 ~ 3. 64 天文单位（1 天文单位 = 149 597 900 000 米）。

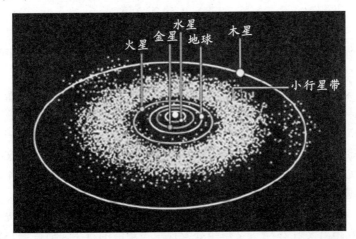

太阳系小行星带示意图

说起小行星带，就不能不提一下"提丢斯—波德定则"。"提丢斯—波德定则"简称"波得定律"，是从前天文学界广泛使用过的一个经验公式，用以表示太阳系内的行星轨道。这一定则是由提丢斯首先提出来的。

提丢斯是德国的一位数学教师，在教学过程中，他为了让学生便于记住各行星到太阳的距离，想通过不断拼凑数字来建立一个简单的算术关系。1766 年，他发现了这样一个情况——

首先，列出一串数字：3，6，12，24，48，96，每个数字是前面一个数字的 2 倍，在这些数字前面加上数字 0，再将每一个数字都加上 4，然后各除以 10，结果就变成了这样：

0. 4，0. 7，1. 0，1. 6，2. 8，5. 2，10. 0

除了 2.8 以外，其他的数字可以各自对应太阳系内当时已发现的大行星与太阳之间的距离：

水星：0.39 天文单位

金星：0.73 天文单位

地球：1.00 天文单位

火星：1.52 天文单位

木星：5.20 天文单位

土星：9.54 天文单位

提丢斯本人并未公布这项发现。1772 年，年轻的天文学家波德重新介绍了这一数列，并将其总结为一个公式，人们这才注意到它，并称其为"提丢斯—波德定则"。这一定则发布出来不久，赫歇尔发现了天王星。根据"提丢斯—波德定则"来估算，天王星与太阳间的距离为 19.6 天文单位，与天王星到太阳间的真实距离 19.2 天文单位相差无几。于是，许多天文学家相信"提丢斯—波德定则"是十分灵验的，更有一些人认为，在距离太阳 2.8 天文单位处，一定还有一颗未被发现的大行星。为此，波德组织了 24 位德国天文学家打算彻底巡查星空，找出这颗未被发现的行星。然而，就在这时，传来了一个令人意外的消息：意大利天文学家皮亚齐在距离太阳 2.77 天文单位处发现了一颗新的行星。他以罗马神话中大地女神刻瑞斯的名字为其命名，这位女神同时还掌管谷物和耕作，英文名译为塞莱斯，自此这颗新发现的行星又被称为"谷神星"。

有人质疑谷神星太小，与已发现的数颗大行星无法相比，因而将其命名为"小行星"。几年之间，又有三颗小天体被相继发现，并分别被命名为智神星、灶神星和婚神星。从 1801 年至今，至少有数千颗小行星在这一区域被发现，这个数字仍以每年几百颗的速度在增长。

智神星和灶神星的发现者奥伯斯认为，在同一空间区域连续发现数颗小行星，而且这几颗小行星的轨道数据很相似，这件事绝非偶然。他对此提出了一种大胆的猜测：在距离太阳 2.8 天文单位处曾经有过一颗大行星，但它后来爆炸了，其爆炸后产生的碎片，就是目前发现的这些小行星。同时，奥伯斯还断言，这个空间区域内不只有这几颗小行星，而应该有一大批。他还指出，如果这些小行星真是因大行星爆炸而形成的，它们的轨道都应该与当初的爆炸点相交，任何一颗这样的小行星总会在某一时刻通过爆炸点，盯住这个爆炸点去寻找小行星，把握相对较大。奥伯斯的这一说法，就是著名的"爆炸说"。

在奥伯斯爆炸说的基础上，苏联天文学家萨伐利斯基提出了一种颇具震撼力的说法：在距离太阳 2.8 天文单位处曾经有过一颗大行星，并称这颗假想中的行星为"法厄同"。和神话传说中的太阳神之子一样，它是被"宙斯的雷电锤"击中，从而碎裂的。据萨伐利斯基估算，它原来的直径有 6 000 千米，质量是地球的 1/15，比火星略小，内部结构从外往里分为 5 层，分别是玄武岩壳层、结晶状橄榄石岩层、玻璃质橄榄石岩层、铁硅包壳层和铁镍核心，这是从陨石分析中推测出来的。

那么，"宙斯发出的雷电"到底是什么呢？或许是另外一颗行星，又或许是一颗彗星。萨伐利斯基认为，"法厄同"在碎裂时引起大火，但坚硬的玄武岩外壳没有熔化，只是碎裂成许许多多大小不一、棱角毕露的碎块。后来果然发现不少较小的天体，形状都极不规则。在小行星带发现的一些事实，对萨伐利斯基提出的"碰撞说"十分有利。

美籍荷兰天文学家柯伊伯的说法与奥伯斯略有不同。柯伊伯认为，小行星是由 5～10 颗原行星碰撞碎裂而成的。火星与木星轨道之间的区域里，物质密度之所以特别小，是由于木星的掠夺造成的，在那里没有形成大行星的可能，只能形成一些小行星。他对小行星进行统计，发现小行星的数目与半径的关系大致符合由碰撞形成碎片的经验公式。小行星相互碰撞，形成更小的行星和大量流星体，它们形状不一、成分各异。而观测所见的较大的小行星，是没经碰撞，反而积累长大的天体。柯伊伯的这一说法也赢得了不少人的支持。

还有一种说法认为，小行星带是由"退役"的彗星组成的。彗星每次经过近日点的时候，组成彗星的冰都会因挥发而损失一部分，久而久之，当彗星失去所有可挥发物质时，就变成了小行星。在过去的几十亿年里，一大批这样的彗星蜕变为小行星，徘徊于火星和木星之间，形成了今天的小行星带。

　　然而，现在研究认为，这一区域从一开始就未能形成一颗真正的大行星。小行星带由原始太阳星云中的一群星子形成。星子比行星要微小得多，是行星的前身。因为木星重力的影响，阻碍了这些星子形成行星，造成许多星子相互碰撞，并形成许多残骸和碎片，最终构成了现在的小行星带。在我国著名天文学家戴文赛晚年提出的关于太阳系起源的"新星云说"中，对这一观点阐述得十分详细。

　　如果"新星云说"是正确的，那么我们就可以得出这样的结论：法厄同确实是由于被宙斯发出的雷电击成碎片的——"宙斯的雷电锤"就是木星的引力[注1]——自然之谜的答案竟然隐藏在神话传说中，这不能不说是一个令人惊讶的巧合。

　　其实大质量天体的引力还会妨碍行星的产生，近年来的天文研究显示，受银河系中心巨大黑洞引力的影响，银河系中心地带新生成的恒星比预计的少了许多，这直接导致银河系在最近一段时期亮度比过去下降了不少。

　　从"破碎的法厄同"到"碰撞的星子"，天文学家们不断根据新的发现修改着科学理论。所有的科学假说和理论必须接受观测实践的不断检验，人类就是这样探索自然，并修正着对自然界的认识的。

　　虽然小行星带的形成之谜至今未能破解。但越来越多的天文学家认为，小行星记载着太阳系行星形成初期的信息。因此，小行星的起源是研究太阳系起源问题中重要的不可分割的一环。

　　注1：木星在国际天文学界被称作"朱庇特"，朱庇特是其罗马名字，在古希腊传说中，其名字是宙斯。

08　　　　　　　　伽利略排名第二

◇ ·····················

　　在古希腊神话传说中，大力士赫拉克勒斯是众神之王宙斯与凡人女子所生的儿子，拥有一半神的血统。他在人间行侠仗义，铲除怪物，立下了不朽的功勋。为了表彰他的功绩，众神一致同意将他迎上奥林匹斯山，并将他在天上的星座称为"武仙座"。

　　宙斯为自己的这个英雄儿子感到骄傲，于是将青春女神赫柏公主许给他为妻。根据当时古希腊的风俗，父亲宴请客人的时候，由未出嫁的女儿在宴席上给客人斟酒。赫柏成了赫拉克勒斯的妻子以后，就不能再承担为客人斟酒的任务了，众神的酒宴上就没有了斟酒的侍者。宙斯为了弥补这个欠缺，决定找个人来顶替赫柏公主的位置。

　　特洛伊城的王子甘尼美提斯天生英俊过人，深受大家喜爱。宙斯在巡游人间的时候，一眼就看中了这个俊美的少年，认为他是替代赫柏的合适人选。于是，众神之王化作一只雄鹰，来到正在牧羊的王子面前，骗得甘尼美提斯骑上鹰背，将他带往天界。从此之后，甘尼美提斯就留在奥林匹斯山，成了为众神斟酒的侍者。后来，宙斯为了纪念甘尼美提斯，就把他经常用的那个玉瓶化作一个星座，这就是"宝瓶座"。

　　宝瓶座的群星组成的是一个提着酒罐的美少年的形象，但这个星座本身并不叫"甘尼美提斯"。在天文学上，"甘尼美提斯"通常指的是木星的第三颗卫星，即木卫三。在中文的科普书中，多采用其英文译音，即"加利美得"。

木星是太阳系由内向外数的第五颗行星，也是太阳系中最大的行星，它拥有数目众多的卫星，这些卫星与木星共同组成了"木星系"。截至 2012 年 2 月，已被发现的木星卫星达 66 颗。在众多卫星中，包括木卫三在内的 4 颗最大的卫星被称作"伽利略卫星"。人们普遍认为，这 4 颗卫星是由伽利略于 1610 年发现的。

木星卫星

伽利略是我们熟知的历史人物。他全名为伽利略·伽利雷，1564 年 2 月 15 日出生于意大利西海岸的比萨城，是 16 ~ 17 世纪著名的物理学家、天文学家。他在科学史上为人类做出过巨大贡献，是近代实验科学的奠基人之一，被誉为"近代力学之父"和"现代科学之父"，摆针和温度计都是他的发明。同时，他也是利用望远镜观察天体的第一人。天文望远镜也是由伽利略最先创制的。他使用望远镜取得了许多重要发现，如月球表面凹凸不平、木星的 4 颗大卫星、太阳黑子、银河由无数恒星组成，以及金星、水星的盈亏现象等。他的工作，为牛顿的理论体系的建立奠定了基础。为了纪念他的发现，木星的 4 颗最大的卫星被称作"伽利略卫星"。

说起"伽利略卫星"的发现，就不能不提一下望远镜。

望远镜有着"千里眼"的美誉,现代天文研究离不开望远镜。此外,它开阔了人们的视野,在科技、军事、经济建设及生活领域中有着广泛的应用。它最初是由小孩子们在游戏中的发现"进化"而来的。

17世纪初,在荷兰的米德尔堡小城有位名叫利珀希的眼镜匠,自己开了一家店铺,专门为顾客磨透镜。利珀希当时在行业内十分有名,生意也做得不错,因此他几乎整日都在忙碌,为顾客磨镜片。在他的店铺里,各种各样的透镜琳琅满目,供客户配眼镜时选用。由于玻璃制造和磨镜的技术等方面存在的问题,废弃的镜片也相当多。利珀希把这些废镜片堆放在角落里。利珀希的三个儿子经常把这些废镜片当作玩具。

有一天,孩子们拿着镜片在阳台玩耍。最小的男孩两手各拿一块镜片,靠在栏杆上前后比画着,观看前方的景物。他把两块镜片叠在一起,让两块镜片间保持一小段距离,然后透过镜片去看,惊讶地发现远处教堂尖顶上的风向标变得又大又近。小男孩惊喜地叫了起来,大声宣告着他的发现。两个哥哥跑过来,争先恐后地夺下弟弟手中的镜片,照他那样叠起来观看。孩子们看到,房上的瓦片、门窗、飞鸟等,都比肉眼看到的大了许多,而且非常清晰,仿佛它们近在眼前。这让孩子们欣喜若狂。

三个男孩把这个大发现告诉了父亲。利珀希对孩子们的叙述感到不可思议,他半信半疑地按照儿子说的那样试验,手持一块凹透镜放在眼前,把凸透镜放在前面,手持镜片轻缓平移距离。当他把两块镜片对准远处景物时,利珀希惊奇地发现远处的视物被放大了很多,似乎触手可及。

邻居们听说了这件有趣的事,都跑到利珀希的店铺来,要求借镜片。观看后,邻居们也都感到又惊异又好玩儿。这一趣事一传十,十传百,很快小城的人都听说了,因而米德尔堡的市民们纷纷来到店铺,要求一饱眼福。甚至有不少人希望能够把"可使景物变近"的镜片买下来,当作"成人玩具",拿回家去观赏。买这样一对镜片的价格,和一副眼镜差不多。利珀希的废镜片一下子变成了抢手的宝贝,很快卖掉了很多。

利珀希是个很精明的生意人,他立即意识到,专门出售这样的镜片，是一桩有利可图的买卖。为了垄断这个"卖点"，他向荷兰国会提出发明专利申请。

1608 年 10 月 12 日，国会审议了利珀希的申请专利后给予了回复。受理申请的官员指着样品对发明人提出改进要求：能够同时用两只眼睛进行观看；"玩具"是大类，申请专利的这个玩具应有具体的名称……

利珀希很快照办了。他在一个一个套筒上装上镜片，并把两个套筒联结起来，满足了人们用双眼同时观看的要求，又经过冥思苦想给这个玩具取名为"窥视镜"。这一年的 12 月 5 日，经改进后的双筒"窥视镜"发明专利获得政府批准，国会发给他一笔奖金以示鼓励。

1609 年 6 月，一位朋友写信给伽利略，向他讲述了荷兰眼镜商利珀希制造出"窥视镜"的事，并说利用镜片的组合可以看清楚远处的景物。当时伽利略正在威尼斯，得知这一消息后，立即意识到"窥视镜"在天文学上可开发出更大的利用价值。为此，伽利略马上返回帕多瓦，集中精力研究光学和透镜。他反复实验，亲自动手将镜片安装在铜筒的两端，为方便观测，安装了镜片的铜筒被安装在固定架上。"窥视镜"由此进化为"望远镜"。最初，伽利略制造的望远镜只能放大 3 倍。他并不满足于这一成就，在此基础上不断地摸索改进，最终将望远镜的功能提高到放大 9 倍。这个望远镜制作出来以后，伽利略邀请威尼斯参议员到塔楼顶层，使用望远镜观看远景。

在一封写给妹夫的信里，伽利略写道："我制成望远镜的消息传到威尼斯。一星期之后，就命我把望远镜呈献给议长和议员们观看，他们感到非常惊奇。绅士和议员们，虽然年纪很大了，但都按次序登上威尼斯的最高钟楼，眺望远在港外的船只，看得都很清楚；如果没有我的望远镜，就是眺望两个小时，也看不见。这仪器的效用可使 50 英里以外的物体，看起来就像在 5 英里以内那样。"（注：1 英里 = 1.609 344 千米）

使用伽利略的望远镜来观看景物的人无不惊喜万分。参议院随后决定，任命伽利略为帕多瓦大学的终身教授。1610 年初，伽利略又将望远镜放大率提高到 33 倍，用来观察日月星辰。这台望远镜能把实物的像放大 1 000 倍。世界上第一台真正意义上的天文望远镜终于问世了。

从 1609 年末到 1610 年初，伽利略在佛罗伦萨用这台划时代的天文仪器进行天体观测，取得了一系列成就，开辟了天文学的新天地。为把天象观察结果公之于众，伽利略于 1610 年 3 月在威尼斯出版了《星空使者》一书。

在《星空使者》这本书里，伽利略写道："10 个月以前，获悉某一位佛来米人制造成一种远景镜，利用它可使远离双目的有形物体变得清楚可辨，仿佛近在眼前。制作这种放大仪器的消息传开后，一些人相信，一些人不承认。过了几天，法国贵族雅可布·巴尔多韦雷从巴黎来信向我证实了这件事情。这一消息使我也想制造同样的仪器，为此，我着手研究这种仪器的原理并考察制造的环境。自此以后，我依据折射理论很快掌握住要点，开始制造铅质镜筒，在镜筒两端安装两块光学镜片。两个镜片一面是平坦的，另一面则一片是凸的，另一片是凹的。把眼睛朝凹镜片看去，我看到的物体比双眼直接看到的仿佛近 3 倍，大 10 倍。此后我把镜筒做得更精密，通过它看到的物体，可放大到 60 倍。后来，我不吝惜劳力和材料精益求精，把我制成的仪器完善到通过它去看实物，它们比自然地看到的实物好像差不多大到 1 000 倍，近到 30 倍。这种仪器无论用在陆上也好，或使用在海上也好，都十分方便，把方便之处逐一列举实在大可不必。在探讨过地上的问题后，我要开始探讨天上的问题。"（注：本段文字为伽利略先生的原文直译）

《星空使者》有多种译本，书名也常被翻译为《星际使者》《星空信使》等。此书揭示了伽利略使用望远镜巡天几个月来的诸多重大发现，震撼了整个欧洲。在此之后发现的金星盈亏与大小变化，更是对日心说的强有力支持。

天文望远镜的产生，是天文学研究中具有划时代意义的一次革命，几千年来天文学家单靠肉眼观察日月星辰的时代结束了，代之而起的是光学望远镜，有了这种有力的武器，近代天文学的大门被打开了。而天文望远镜的发展并未就此止步。不久，德国天文学家开普勒也制造出一台新的望远镜，它的物镜和目镜都是用凸透镜组成，前端透镜为物镜，用来收集光线，后面的透镜为目镜则再次将景物放大。因此这台天文望远镜观察到的景物是倒立的，他发明的这台望远望被称为"开普勒望远镜"。

开普勒用新的望远镜观测天象，将丹麦天文学家第谷观测到的777颗恒星扩展为1 005颗，并于1627年编制、出版了《鲁道夫星表》，因精确度高被视为标准星表。在整理恩师第谷遗留下的长达30年的天文观测资料时，开普勒发现了行星运动的三大定律，后人赞颂他是"宇宙的立法者"，并评论说："天文望远镜打开了宇宙的大门，伽利略发现了新宇宙，开普勒则为星空制定了法律。"

现在天文界一般认为，木星的4颗卫星是伽利略在1610年首次观测到的。1610年1月11日，伽利略先发现了3颗靠近木星的星体，第二天晚上他再次观测它们时，发现这3颗星体移动了位置。接着，他又发现了第4颗星体，这就是后来的木卫三。到了15日晚上，他确定这4颗星体都是围绕着木星运转的。作为发现者，他声称他拥有为这4颗星体命名的权利。最终，他给它们起名为"美地奇卫星"。在此之后，数位天文学家提出了各种命名方案，都未被采用。最后，天文学家西门·马里乌斯建议，用宙斯所钟爱的特洛伊少年甘尼美提斯的名字来命名木卫三，争论才渐渐停息。不过，这种命名法也在相当长的一段时间内未被普遍接受。在早期天

木卫二"欧罗巴"照片

文学文献中，木星的卫星都以罗马数字表示，这一体系也是由伽利略提出的。直到 20 世纪中期，木卫三的名字"甘尼美提斯"才被确定下来。当时太阳系内已发现的各大行星都以罗马神话中诸神的名字命名，木星名为众神之王"朱庇特"，它的卫星均以朱庇特情人的名字来命名，例如，木卫一名为"伊娥"，曾被朱庇特变为母牛的女孩；木卫二名为"欧罗巴"，传说朱庇特将她从亚洲拐到欧洲，并把欧洲大陆赐给了她，还将此大陆以她的名字来命名。在木星所有的卫星中，木卫三是唯一一颗以男人的名字来命名的星体。

在国外一些新近的出版物中，木星的 4 颗卫星发现者的名字已改为伽利略和梅耶尔。因为此前有人考证过，梅耶尔比伽利略早 10 天发现了这 4 颗木星卫星。然而，现在这一说法也遭到了质疑。2008 年 6 月 28 日晚 7 点在中央电视台少儿频道首播的历史动画片《龙脉传奇》中提到，木卫三是由我国的天文学家甘德最先发现的。

甘德，战国时期楚国人（也有说是齐国人），生卒年不详，大约生活于公元前 4 世纪中期，为先秦时期著名的天文学家，中国天文学的先驱之一。他与战国时期魏国人石申各自写了一部天文学著作，后人把这两部著作结合起来，统称为《甘石星经》。《甘石星经》是世界上现存最早的天文学著作。虽然，这部著作的内容多已失传，仅有部分文字被《大唐开元占经》等典籍引录，但从引录的文字中仍可以窥知甘德在恒星的命名、行星的观测与研究等方面有很大的贡献。

甘德对木星的观测尤为精细，是研究木星的专家，著有关于木星的专著《岁星经》。《大唐开元占经》第二十三卷中引录："单阏之岁，摄提格在卯，岁星在子，与须女、虚、危晨出夕入，其状甚大有光，若有小赤星附于其侧，是谓同盟。"据吴智仁先生的解释："'同盟'是春秋战国时期常用的一个词语，单《左传》中就有二十几处，意为两国或数国为共同目的而结合在一起。这里的'同盟'，意指小行星和木星组成一个系统。"显然，甘德的意思是他所看到的"小赤星"与木星共同构成了一个体系，这与现代天文学所说的"木星系"是同一概念。

吴先生在文章中还提到：根据目前观测的资料，木卫一和木卫三呈橙黄色，木卫二和木卫四呈红黄色，古时的"赤"是指浅红色，所以甘德的这段话表明，他已发现木星有浅红色的小卫星。席泽宗院士分析，在木星冲日时，木卫一至木卫四的平均视星等（观测者用肉眼所看到的星体亮度）在 4.6~5.6 等，而人眼所能看到的极限视星等是 6 等，所以用肉眼应该可以看到这 4 颗最大的木星卫星。

为了验证"中国人最早发现木卫三"这一说法，中国科学院自然科学史研究所刘金沂进行了目视观测木星卫星实验，关于这一实验的介绍发表在 1980 年第 7 期《自然杂志》上。中国科学院北京天文台杨正宗、蒋世仰、郝象梁等人为了排除观测者心理、生理因素的影响，采用照相方法来模拟人眼观测木星卫星。实验证实，在良好的条件下，人眼是能观测到木卫三的。由此认为，甘德的记载应该是真实的。

根据《大唐开元占经》中记载的甘德所见到的木星的位置，席泽宗院士运用中外资料进行推算，认为甘德发现木卫三是在公元前 400 年至 360 年之间，最可能的年份是公元前 364 年夏天，比伽利略早了约 2 000 年。如果这一说法能够得到国际公认，那么在木星卫星的发现上，伽利略老先生就只能排第二了。

然而，是否排名第二，并不影响伽利略所取得的成就和获得的荣誉。他和每位科学家一样，坚持不懈地追赶着前人书写的传奇，而到最后，他自己也成了后世的传奇。

09 郊外流行戴草帽

◇ ⋯⋯⋯⋯⋯

　　某天，探险家卫斯理去探望他的一位集邮狂朋友。在驾车前往朋友家的途中，为躲避一只突然蹿出的癞皮狗，卫斯理的车与横向驶来的一辆大房车相撞，路边的邮筒被撞成了两截。卫斯理在围观民众协助下报了警。

　　在等待处理交通事故期间，卫斯理去附近杂货铺打电话通知朋友他无法赴约时，正好碰见几名顽童将信从被撞坏的邮筒里拣出来，撕去了信上的邮票。一名顽童怕被卫斯理责罚，将撕过的信扔在他脚下跑了。卫斯理发现，这是一封很厚的牛皮纸信件，信封里似乎有一枚很沉的钥匙，而收信人的部分地址在顽童撕邮票时被撕掉了。

　　卫斯理觉得，信封的损毁自己有一部分责任。于是，在处理完交通事故后，他找到寄信人的住址，要求见一见寄信人米伦太太。开门的墨西哥女孩姬娜·马天奴告诉他，米伦太太早在半年前就去世了，临终前委托她寄出这封信。由于姬娜一时忘记了，直到半年后才将信寄出。二人交谈之际，姬娜的母亲基度太太从厨房走出来。当得知卫斯理的来意后，基度太太态度恶劣地下了逐客令。卫斯理正欲离开，却瞥见基度太太手上戴着一枚极品红宝石戒指，这与她破旧的衣着以及简陋的生活环境很不相称。他认为此事或有隐情，因此决定弄清基度太太的来历和红宝石戒指的由来。

卫斯理知道墨西哥人对死人十分尊敬，遂以"实现米伦太太的遗愿"为由，要求看一看米伦太太的遗物。基度太太出于对死人的敬畏，答应了他的请求。米伦太太的遗物只有一只刻工精致的暗红色木箱和一尊造型古怪的雕像。那枚红宝石戒指原本也属于米伦太太，只是在她临终前将其赠给了基度太太。卫斯理在木箱中发现了一叠色彩缤纷的织锦及一些刻有浮雕的圆形铜片。他判断这些铜片属于古代文物，于是趁基度太太不备，悄悄拿走了一枚。

卫斯理将铜片交给古董俱乐部。在场的古文物学者们绝大多数都不认为这块铜片是古董，只有贝教授略知它的来历。贝教授推断，铜片上刻的浮雕可能是一种文字，与墨西哥新发现的古文明石碑上的文字同源，而这块铜片或许可算世界上最早的货币。他要求卫斯理将米伦太太的信件打开。但卫斯理极端厌恶擅自拆阅他人的信件，拒绝了贝教授的要求。古董俱乐部为推进古文明研究，委托卫斯理收购米伦太太的遗物。

卫斯理再次来到基度家，却被基度太太的丈夫基度·马天奴赶出家门。姬娜主动找卫斯理道歉，并告诉他米伦太太是个风华绝代的美女，基度·马天奴一直暗恋着她。

卫斯理感到基度·马天奴的态度非常可疑。基度·马天奴本是墨西哥的一位火山观察员，10年前移居香港。根据侨民管理处的记录，卫斯理找到了米伦太太那封信上收件人的完整地址。同时，他怀疑米伦太太是被基度·马天奴谋杀了的。当天晚上，卫斯理假扮海员，向喝醉的基度·马天奴打听米伦太太的情况，却不得要领。第二天，他接到姬娜的电话，得知基度·马天奴因伤心过度已跳海自杀。

卫斯理因基度·马天奴的死而深感内疚，协助基度太太转让了米伦太太的遗物，并应允姬娜陪同她们母女同去墨西哥——他决定亲自把米伦太太的信交到住在墨西哥的收信人尊埃牧师手里。

出发的前一天，卫斯理又一次来到基度太太家，却被某国特务当作间谍，绑架至潜水艇内。在那里，他意外地见到了未死的米伦太太。原来，那日米伦太太求基度·马天奴帮她自杀，基度·马天奴却没有按照她的要求做，而是将她放入一只小船里，在海上漂流。后来米伦太太被误认为间谍，囚禁在潜水艇中。卫斯理成功地摆脱了特务们的纠缠，带着米伦太太逃出潜水艇。逃亡中他们乘坐的小艇失事，卫斯理被渔船救起，米伦太太却葬身大海。

为了弄清米伦太太的来历，卫斯理不远万里赶赴墨西哥。到了信上所写的教堂，他才知道尊埃牧师也已经去世。卫斯理在牧师的坟前读出了信件内容，并按照信中的线索，找到了那座名为"难测的女人"的火山。卫斯理进入火山，发现火山口内有一扇奇门。他用米伦太太放在信封里的钥匙打开这扇门后，进入了一艘太空船中，看到了船内保存的米伦先生的尸体，以及米伦夫妇的太空航行记录。凭着图像里的土星光环，他认出了太阳系，而米伦夫妇出发时的照片上那硕大的月亮，使他认出了地球。卫斯理极度震惊——米伦夫妇竟然是从地球出发去做宇宙航行的！

卫斯理欲将他在火山口内的发现报告给墨西哥政府，不料他离开火山口不久，这座"难测的女人"就爆发了，太空船也被深埋地下。很久以后，卫斯理与一位朋友谈及此事，他的朋友推断，很可能在我们这一纪人类产生之前，地球上曾有过灿烂的文明，那时的人们已经拥有了可以进行外太空航行的能力，而米伦太太很可能就是上一纪人类中的一员。

《奇门》是香港某作家的科幻名篇，也是"卫斯理系列"中最为精彩的一部，不仅悬念的设置非常出奇，线索铺陈也做得几近完美，使人读来欲罢不能。然而，全书最使人震撼之处，还在于对米伦夫妇太空航行记录的描写，尤其是米伦夫妇在土星上拍摄的照片："我看到一望无际的平原，而站在近处的，则是米伦先生和米伦太太……在那巨大的平原之上，是一个极大的光环，那光环呈一种异样的银灰色""……我不必看懂那些字，我也可以知道，这是土星！"读到这样的叙述，读者想必也如文中的卫斯理一样，"心中产生出一股奇诡之极的感觉"。

土星耀眼的光环是它最为显著的特征，也是它在太阳系"立足"和"出名"的资本。提起土星，许多人会在第一时间联想到它的光环。

人类最早发现的五颗大行星中，水星最靠近太阳，金星次之，它们围绕太阳运行的轨道都在地球的轨道以内，因此叫作内行星。

火星、木星和土星围绕太阳运行的轨道都在地球的轨道以外，因此叫外行星。如今外行星的行列中又增加了天王星和海王星。不过，通常大家所说的外行星，指的是木星、土星、天王星和海王星这"兄弟4个"。

太阳系内的外行星都有光环，但没有一颗行星的光环能与土星相媲美。1610年，伽利略利用天文望远镜发现了土星，但他未能辨认出土星的光环，而将其称为"土星的耳朵"。在写给托斯卡纳大公的信上，他说："土星不是单一的个体，它由三个部分组成，这些部分几乎都互相接触着，并且彼此间没有相对运动，它们的连线与黄道平行，并且中央的部分大约是两侧的三倍大。"1612年，土星环以侧面朝向地球，因此看起来似乎是消失不见了，伽利略因而感到十分困惑，并联想到古希腊的神话传说——土星的本名来自第二代大神克洛诺斯，他担心会被自己的儿子推翻，因此将孩子们吞进了腹内——"难道是土星吞掉了它的孩子?"百思不得其解的伽利略满是疑问。

荷兰学者惠更斯的运气比伽利略要好，因为他拥有比伽利略高级得多的望远镜。1659年，凭借这只"千里眼"，他证实了伽利略提到的那两个"耳朵"是土星的光环。1675年，意大利天文学家

土星光环

卡西尼发现土星光环中间有条暗缝，这条缝后来被称为"卡西尼环缝"。卡西尼还猜测，光环是由无数小颗粒构成。两个多世纪后的分光观测证实了他的猜测。但在此前的 200 年间，土星光环通常被看作是一个或几个扁平的固体盘状物质。1856 年，英国物理学家麦克斯韦从理论上论证了土星光环不可能是固体，因为若是固体的，它将会因为不稳定而碎裂。麦克斯韦指出，土星光环是由无数个在土星赤道面上围绕土星旋转的小卫星组成。1895 年，通过光谱学研究，利克天文台的基勒验证了麦克斯韦的理论。

或许"夫唱妇随"是太阳系的一大优良传统——科学家们发现，土星的第二大卫星"丽亚"[注1]也有自己的环系统。2008 年，"卡西尼号"的探测设备发现，丽亚周围环绕着大量碎片，在其周围形成一个范围达数千千米的盘状碎片带。最新观测结果显示，丽亚拥有 3 条密度较高的细环带，环带的狭窄盘面由尘埃和微小的碎石构成。这是第一个被发现的环绕着卫星的环系统。

继土星之后，天王星的环也被发现。这是在太阳系内被发现的第二个环系统。天王星是赫歇尔于 1781 年发现的，直到 1977 年，天文学家们才确定它也有光环。不过，也有人认为，赫歇尔在 18 世纪就已经发现了天王星的环，因为在他 1789 年 2 月 22 日的观测记

天王星的光环

录里叙述道："觉得有一个环。"赫歇尔在一张小图上画出了圆环，并且注明"有一点倾向红色"，夏威夷的"凯克"望远镜证实了他的描述是真实的。

不过，天王星的环更加细，是名副其实的线状环，因此只有利用特殊的观察方法才能看到。到目前为止，已发现天王星有 13 个环。这些环非常年轻，理论上不是与天王星同时形成的。环中的物质可能是一次高速的撞击或受到潮汐力拉扯而瓦解的天然卫星形成的碎片。自 20 世纪 80 年代以来，天王星光环的模样发生了很大变化，这表明这颗行星在过去的二三十年里遭受了巨大的撞击。

木星环是太阳系第三个被发现的行星环系统。它首次被观测到是在 1979 年，由"旅行者 1 号"发现。此前在 1975 年，"先锋 11 号"对行星辐射带的观察所推演出来的结果显示，木星存在光环，但是人们并未直接观测到木星环。

20 世纪 90 年代，"伽利略号"对木星环进行了较为详细的勘查，极大地丰富了人们对木星环的认知。多年来，人们经常借助"哈勃"太空望远镜观察木星环。木星环在地球上也能看到，但需要现存最大的望远镜才能够进行木星环的观察。

木星环系统主要由尘埃组成。这些尘埃多是由木卫十五、木卫十六及其他不能观测的主体因为高速撞击而喷出的。2007 年 2～3 月，由"新视野号"取得的高分辨率图像显示，木星的主环有着丰富的精细结构。

自海王星被发现之后，它是否存在光环就引起了人们的强烈兴趣。1846 年 10 月，英国天文学家拉塞尔声称看到了海王星光环，但当时没多少人相信他。1984 年美国和法国的天文学家在观测掩星时发现了海王星的环。1989 年，"旅行者 2 号"飞过海王星，终于证实了这一发现。

至此人们发现，如果以太阳为中心，将太阳系分作"城区"和"郊外"的话，水星、金星、地球以及火星所处的区域可以称为城区，其他外行星所处的区域算作郊外，而小行星带可看作将城区和郊区隔离开来的"环线"。如此，在太阳系的郊外，"戴草帽"可谓一个流行趋势，主要是因为外行星拥有数量众多的卫星。

　　通过研究土星环，科学家们也揭开了所有外行星环形成的原因。行星环的形成有三种可能的方式：来自原本就存在于洛希极限[注2]内，但不能形成卫星的原行星盘物质；来自天然卫星遭受巨大撞击后产生的碎屑；来自在洛希极限内受到潮汐力拉扯而瓦解的天然卫星产生的碎屑。所谓洛希极限，是一个天体自身的重力与第二个天体造成的潮汐力相等时的距离。当两个天体的距离小于洛希极限，天体就会倾向碎散，继而成为第二个天体的环。目前所知的行星环都在洛希极限之内。

　　值得一提的是，我国清末天文学家邹伯奇生前曾制作过一台太阳系表演仪，形象地表现了当时人们所知道的太阳系。仪器上有太阳、八大行星以及行星的卫星等。在相当于土星的位置上，邹伯奇布设了一个环来表示土星光环，在海王星的位置上，他也布设了一个环，这使人颇为费解。有人认为，邹伯奇亲自制作过望远镜，还制作过我国有史以来第一架照相机，他完全有可能对海王星进行过观测并发现了其光环。但人们没有找到邹伯奇有关海王星光环的观测记录。因此，邹伯奇有没有发现过海王星的光环还是一个谜。

　　注1：丽亚，土卫五，英文写作"Rhea"，其实就是古希腊传说中克洛诺斯的妻子瑞亚；而土星得名于罗马神话里的农神萨图恩，在希腊神话中他被称作克洛诺斯。

　　注2：洛希极限是一个天体自身的引力与第二个天体造成的潮汐力相等时的距离。当两个天体的距离小于洛希极限时，天体就会倾向碎散，继而成为第二个天体的环。洛希极限是以首位计算该极限的人爱德华·洛希命名的。

10　赫歇尔家的功勋

◇ ....

　　古希腊的创世传说里写道：在很早以前的洪荒时代，世界还是一片混沌，地母盖亚诞生了。当太阳从东方升起时，她许诺要将生命的种子植入每一个在地球上诞生的生命里。于是，在混沌中，代表希望与未来的乌拉诺斯从地母的指尖上生出，与盖亚结为夫妻。乌拉诺斯执掌天空，是第一代天空之神，他与盖亚生下了 12 个巨人。

　　自乌拉诺斯诞生起，就产生了一个预言，说他的孩子将推翻他的统治，取代他成为天空之神。乌拉诺斯一直被这个预言困扰着，这使他对自己孩子的态度极端恶劣，孩子们因此很害怕父亲。

　　盖亚无法容忍乌拉诺斯对孩子们的苛待。在她的帮助下，最小的泰坦神克洛诺斯奋起反抗，与父亲展开激战，并最终夺得了胜利，成为新一代的众神主宰。他娶了姐姐瑞亚为妻，生下 6 个子女。愤恨的乌拉诺斯诅咒克洛诺斯，预言他将来必然与自己一样，被自己的儿子推翻并囚禁。因此，克洛诺斯效仿自己的父亲，把刚生下的孩子们吞进肚子里。瑞亚为此感到悲伤，当最小的儿子宙斯出生时，她把一块石头包在羊皮里，假作是刚出生的孩子让克洛诺斯吞下，而偷偷把小儿子交给乳母带到一个山洞里去抚养。宙斯长大以后，在瑞亚的帮助下，推翻了克洛诺斯的统治，坐上了众神之王的宝座。乌拉诺斯的预言最终实现了。

在天文学中，太阳系的第七颗大行星就是以乌拉诺斯的名字命名的，中文通常译作"天王星"。这颗大行星是威廉·赫歇尔爵士于 1781 年发现的，这也是他在天文学领域最为辉煌的成就。

赫歇尔的全名是弗里德里希·威廉·赫歇尔，他不仅是天文学家，而且还是音乐家，在天文和音乐两个领域都享有盛誉。赫歇尔是恒星天文学的创始人，被誉为"恒星天文学之父"。此外，他还是英国皇家天文学会第一任会长以及法兰西科学院院士。

1738 年 11 月 15 日，威廉·赫歇尔出生于德国汉诺威。在家里的 6 个孩子中，赫歇尔排行第三。他的父亲是汉诺威近卫步兵连军

威廉·赫歇尔　　　　　　　赫歇尔望远镜

乐队的双簧管手，小赫歇尔 15 岁就继承了父业，在军队中当小提琴手，同时也吹奏双簧管。那时候他的理想是当一名作曲家，但同时，他对数学和光学也非常感兴趣，业余时间几乎都用于研究数学、光学和语言。1754 年，"七年战争"开始，英、法两国和西班牙在贸易与殖民地上相互竞争，赫歇尔所在的普鲁士也日益崛起，成为一个强国，与奥地利在神圣罗马帝国的体系内外争夺霸权。在 1756～1763 年之间，这场战争的激烈程度达到了最高峰。厌恶战争的赫歇尔在 1757 年设法脱离了所在部队，逃往英国。他先是到达

了利兹，后来又辗转来到以温泉出名的度假胜地巴斯。在音乐上的造诣使赫歇尔得以在巴斯开始了稳定的生活。1766 年，他被聘为巴斯大教堂的管风琴师。这时他已成为当地著名的风琴手兼音乐教师，每周指导的学生达 35 名之多。1772 年，赫歇尔的妹妹卡罗琳·赫歇尔也来到英国，与他一起生活。依照当时的社会风俗，卡罗琳成了赫歇尔的管家。她不仅把家务料理得井井有条，而且还成了赫歇尔做天文研究的得力助手。

在少年时代，威廉·赫歇尔就对天文学产生了浓厚的兴趣，并渴望着用自己设计制造的望远镜观测星空。卡罗琳来到英国后，赫歇尔开始自己着手制造望远镜。1773 年，他用买来的透镜制造出了第一架天文望远镜，可放大 40 倍。1776 年，他制造出焦距 3 米和 6 米的反射望远镜，并开始进行巡天观测。赫歇尔特别重视近距双星。1781 年，他编出第一份双星表，共列出了 269 对双星。

1781 年 3 月 13 日，威廉·赫歇尔在位于索美塞特巴恩镇新国王街 19 号的家宅庭院中观察到了天王星。此后，他用自己制造的望远镜对这颗星做了一系列的观察。同年 4 月 26 日，他提交了发现报告，但在报告中他将其称为一颗彗星。不过在给皇家学会的报告中，他很含蓄地暗示，新发现的这颗星比较像行星。由此，威廉·赫歇尔被通知成为皇家天文学家。在回复皇家学会的信函中，他谈起他的发现说："我不知该如何称呼它，它在接近圆形的轨道上移动，很像一颗行星，而彗星是在很扁的椭圆轨道上移动。我也没有看见彗发或彗尾。"德国天文学家波德在观测后断定，这个以圆形轨道运行的天体更像是一颗行星。

1783 年，法国科学家拉普拉斯证实，赫歇尔发现的是一颗行星。这是现代发现的第一颗行星，为此威廉·赫歇尔被英国皇家学会授予柯普莱勋章。当时的英国国王乔治三世也是一位狂热的天文学爱好者，赫歇尔的这一发现引起了他的注意，于是，乔治三世赦免了赫歇尔当年擅自逃离军队的过错，并从 1782 年起聘请他为自己的私人天文学家。他建议让赫歇尔移居至温莎王室，让皇室的家族有机会使用他的望远镜观星。鉴于赫歇尔取得的成就，以及他为皇室成员提供的服务，乔治三世给予赫歇尔每年 200 英镑的年薪。

赫歇尔兄妹先是迁往温莎附近的达切特，1786 年又迁往斯劳。此后，他一直在斯劳工作，直至去世。1816 年，威廉·赫歇尔被封为爵士。

出于天文学界的惯例，英国天文学家内维尔·马斯基林请赫歇尔给新发现的行星命名，赫歇尔提议，给这颗行星起名为"乔治之星"或直接称为"乔治三世"，以纪念他的新赞助人。但是，波德赞成用乌拉诺斯的名字来称呼新发现的行星。这一名称最早是在赫歇尔过世一年之后才出现在官方文件中。在英国，这颗新行星一直被称作"乔治之星"或"乔治三世"，直到 1850 年才换用"乌拉诺斯"这个名字。由于古希腊神话中的乌拉诺斯是第一代天空之神，所以在译成中文时，采用了"天王星"这一称谓。在太阳系的所有大行星中，唯有天王星的名字取自希腊神话，而非罗马神话。它的形容词形式"Uranian"被马丁·海因里希·克拉普罗特用以命名他在 1789 年发现的新元素——铀。

1783 年，通过一些恒星自行资料的分析，赫歇尔推导出太阳在向武仙座方向的空间运动，这种运动被称为太阳的本动。

通过多年巡天观测，赫歇尔对一些拟定选区的恒星进行采样统计，并根据统计结果建立起银河系的初步概念。1784 年，他向皇家学会宣读了论文《从一些观测来研究天体的结构》，首次提出"银河系是一个轮廓参差的扁平状圆盘"的假说。

1786 年，威廉·赫歇尔发表了《一千个新星云和星团表》，除了前人已列出的星云、星团外，还收录了他本人的全部发现。

1787 年，赫歇尔发现了天王星的两颗卫星，后来被定为天卫三和天卫四。1789 年，他又发现了两颗土星卫星，这就是后来的土卫一和土卫二。

1800 年，赫歇尔重复了牛顿当年的实验，使用三棱镜把太阳光分解开来，然后在各种不同颜色的色带位置上放置了温度计，试图测量各种颜色的光具有的温度。结果他发现，位于红光外侧的那支温度计升温最快，赫歇尔因此得出一个结论：太阳光谱中，红光的外侧必定存在一种看不见的光线，具有热效应。他所发现的这种看不见的光线就是红外线，这是人类首次探测到天体的红外辐射。20

世纪初，科学家们开始对天体红外辐射进行认真研究，如今，红外天文学已成为研究天体的一门学科。它的研究对象十分广泛，包括太阳系天体、恒星、电离氢区、分子云、行星状星云、银核、星系、类星体等，几乎各种天体都是红外源。这个"年轻"的学科填补了光学天文学和射电天文学之间的空白，成为全波段天文学中重要的一环。而它的起点，正是赫歇尔的分光实验。

1802 年，在奥伯斯发现了智神星后，赫歇尔就认为，这些小天体是一颗行星被毁坏后的残余物，这与奥伯斯的想法不谋而合，也就此开启了关于小行星带起源的争论，这一探讨直至如今尚未有定论。

1802~1804 年，赫歇尔指出，大多数双星并非是在方向上偶然靠在一起的光学双星，而是物理双星，还发现双星两子星的互相绕转。

赫歇尔一生从事星团、星云和双星的研究，集 20 年观测成果，汇编成 3 部星云和星团表，共记载了 2 500 个星云和星团，其中仅 100 多个是前人成就，还发现了双星、三合星和聚星 848 个。此外，他还制造了许多大型望远镜，磨制出售的望远镜至少有 76 架，自己用的反射望远镜最大口径 1.2 米，为当时世界之最。

1821 年，威廉·赫歇尔被选为英国天文学会第一任主席。

1822 年 8 月 25 日，威廉·赫歇尔与世长辞。

赫歇尔家族，不仅威廉·赫歇尔功勋卓越，他的妹妹卡罗琳·卢克雷蒂娅·赫歇尔也不遑多让。卡罗琳·赫歇尔 1750 年 3 月 6 日出生于汉诺威，在家中排行第五，天生一副美妙歌喉。1772 年，卡罗琳移居巴斯后接受了音乐训练，同时还向赫歇尔学习英语和数学。卡罗琳曾经是赫歇尔所在的圣乐团的主唱，并获邀出席伯明翰音乐节，但她却推辞了这个演出机会。

在赫歇尔全身心投入天文学研究时，卡罗琳成了他的全职助手。她以日记的形式，详细记载了威廉·赫歇尔的工作史。有时候赫歇尔打磨镜片腾不出手，卡罗琳就喂哥哥吃饭。

在赫歇尔迁居达切特后，卡罗琳也开始专心地从事天文工作。赫歇尔亲自指导她观测，并给了她一台小望远镜去搜索彗星。1783 年，她发现了 3 个星云。1786 年卡罗琳随赫歇尔迁到斯劳，8 月 1 日这天，她用反射望远镜发现了 1 颗新的彗星。这是首颗被女性发

卡罗琳·赫歇尔

现的彗星，卡罗琳因此广受赞誉，并于第二年获乔治三世聘用，正式成为赫歇尔的助手。

1788～1790 年，卡罗琳又发现了 3 颗彗星。1790 年底，赫歇尔专门为她制造了一台口径 23 厘米的反射望远镜。卡罗琳不负厚望，在 1791 年至 1797 年间，又先后发现了 4 颗新彗星。其中，1795 年发现的"恩克"彗星最为出名。1819 年，德国天文学家恩克计算出了它的轨道，证明了它的运行周期仅为 3.4 年。"恩克"彗星是人类发现的第一颗短周期彗星，也是继"哈雷"彗星之后，第二颗被预言回归的彗星。

1797 年，卡罗琳向英国皇家学会提交了一份弗兰斯蒂德（英国首任皇家天文学家）观测资料的索引，并列出 561 颗英国星表中遗漏的恒星和勘误表。在威廉·赫歇尔去世后，卡罗琳回到了故乡汉诺威，继续编纂包括赫歇尔观测过的全部星云和星团表。这一工作于 1825 年圆满结束，卡罗琳随后将手稿寄给了威廉·赫歇尔的儿子约翰。

1828 年，英国皇家天文学会向卡罗琳颁发了金奖章。1835 年，卡罗琳以 85 岁的高龄被推选为该学会的荣誉会员。这是一项史无前例的殊荣，因为根据当时的限定，会员只能由男性当选。1846 年，卡罗琳获普鲁士国王颁发的金奖章。1848 年 1 月 9 日，终身未嫁的卡罗琳·赫歇尔逝世于汉诺威，享年 89 岁。为纪念她在天文学上的贡献，"281 号"小行星以她的中间名"卢克雷蒂娅"命名。此外在月球的虹湾上还有一个名叫"C. 赫歇尔"的环形山。如果以一句话来概括卡罗琳·赫歇尔的一生，那么科幻剧《神秘博士》[注1]中的那句台词最为合适："那颗星……点燃了她的生命。"

　　约翰·赫歇尔是威廉·赫歇尔的独生子，1792 年 3 月 7 日出生于斯劳，1813 年毕业于剑桥大学，21 岁就当选为皇家学会会员。1808 年，威廉·赫歇尔患病，已无力持续从事观测。因此，约翰在 1816 年回到斯劳，接替了父亲的观测工作，并且他还扩充并修订了父亲的研究计划。为了将父亲的巡天和恒星计数范围扩大，约翰于 1834 年偕妻子与孩子亲赴非洲好望角，花了 4 年时间编制了南天的星云、星团表。他花费了 9 年时光撰写的南天普查工作的详细总结——《好望角天文观测结果》堪称一部杰作，但直到 1847 年才发表。

　　1848 年，约翰·赫歇尔当选为皇家天文学会主席。他写的《天文学概要》于 1849 年出版，堪称当时的《时间简史》，在几十年内一直是普通天文学的标准课本。1837 年，约翰在维多利亚女王加冕典礼上被封为准男爵。

　　约翰是天文学会理事会的创始人之一，也是这一协会的第一任国外书记。或许是幼承家教的缘故，约翰兴趣广泛，且多才多艺。他在化学和照相术等方面也颇有造诣，发明了很多有关照相的技术。他提出的"正片"和"负片"等词汇，至今仍被摄影家使用。1871 年 5 月 11 日，约翰·赫歇尔逝世于肯特郡。他被誉为是"一个时代最伟大的科学家之一"。

　　赫歇尔一家的努力，开辟了观测天文学的时代，为 20 世纪天文学的发展构筑了舞台。这一家族在英国天文学界的权威地位，几乎长达一个世纪。为纪念威廉·赫歇尔，2009 年 5 月 14 日欧洲航天局发射的一颗探测卫星即以他的名字命名。它实质上是一台大型远红外线太空望远镜，宽 4 米，高 7.5 米，是迄今为止人类发射的最大远红外线望远镜，用于研究星体与星系的形成过程。

　　注 1：《神秘博士》（《Doctor Who》）英国广播公司（BBC）出品的电视剧，第一集于 1963 年 11 月 23 日 17 点 16 分在英国广播公司电视台播出。该剧被吉尼斯世界纪录大全列为世界上最长的科幻电视系列剧，也被列入有史以来"最成功"的科幻电视系列剧。

11 计算出来的行星

◇ ·················

　　乌拉诺斯是古希腊传说中的第一代天神，后来他被儿子克洛诺斯推翻，失去了统治天界的地位。在败于儿子之手的时候，乌拉诺斯对克洛诺斯下了一个恶毒的诅咒，预言他将来也会被自己的儿子推翻。后来这个诅咒应验了，克洛诺斯被最小的儿子宙斯率天界联军打败，囚禁在被称作"塔尔塔罗斯"的幽暗之地。

　　克洛诺斯与他的姊妹瑞亚结婚，共生了6个孩子。3个男孩分别是哈迪斯、波赛冬和宙斯。女孩中的老大赫斯提亚后来成了灶神；赫拉嫁给了宙斯，成为天后，并执掌祝福与婚姻；最小的德墨忒尔被封为大地女神，掌管草木和农作物的生长与收获，她同时也被称为谷神，1号小行星——谷神星就是以她的罗马名字"塞莱斯"命名的。

　　在推翻克洛诺斯的统治以后，宙斯三兄弟决定以抽签的方式来分配对世界的控制权。由于瑞亚最疼爱她的小儿子宙斯，于是她帮助宙斯在抽签中作弊，使宙斯成了众神之王，取得了天界的控制权。哈迪斯抽到地狱，从此成了冥王，但他一向温和低调，对这种不公平的分配并不在意，很听话地服从安排，去了冥界。然而抽到海洋统治权的波赛冬性情暴烈，虽然很不情愿地做了海王，却经常不安分地向宙斯挑战，弄得天上、人间时常战火连连。

罗马神话中的海神尼普顿

在罗马神话里，海王波赛冬对应的是海神尼普顿（拉丁语：Neptunus），太阳系的第八颗大行星就是以他的名字命名的，中文称"海王星"。

在八大行星中，海王星距离太阳最远，它的体积在太阳系各大行星中排行第四，质量排行第三。虽然海王星与天王星常被人们称作"姐妹星"，但海王星的密度要大于天王星，其质量是地球的 17 倍，而天王星的质量只有地球的 14 倍。

人们正式确认海王星的存在，是在 1846 年 9 月 23 日。它是唯一一颗利用数学预测出来的行星，所以它被冠以"笔尖上发现的行星"的称号。

其实早在 1612 年 12 月 28 日，伽利略就借助他制造的望远镜首度观测到了海王星。1613 年 1 月 27 日又再次观测。但因为这两次观测时，海王星都在相当靠近木星的位置上，伽利略把它当作了一颗恒星。

海王星的预测过程是建立在牛顿万有引力定律的基础上的。17 世纪初，开普勒总结出行星运动定律，使得人们清楚地认识到行星是围绕着太阳运行的。而后，牛顿进一步探讨了行星为什么始终绕着太阳运转。1687 年，他发表了万有引力定律，这是力学领域乃至天文学领域中至关重要的伟大发现。这一发现使天文学和力学紧密地结合在一起。之后，科学家们利用牛顿的运动定律和万有引力定律来研究天体的运动。在此基础上，人们认识到，一个天体在围绕另一个天体运转时，受到别的天体吸引或其他因素影响，其运行轨道会发生偏差，科学家们将这种现象称为"摄动"。而在太阳系中，各大行星围绕太阳运行时，还会受到其他行星引力的影响，行星间彼此引力产生的摄动，会使得各行星的轨道或多或少地偏离理想的椭圆。天文学家们将这些摄动计算清楚之后，就可以预测行星在未来时间段所处的位置，并制成星历表。

1821 年，法国天文学家布瓦尔计算出了木星、土星和天王星的星历表。该星历表出版后，大家发现星历表上显示的天王星的情况，与实际观测的结果不符，而且偏差越来越大。于是，诸多天文学家开始怀疑，在天王星轨道之外，距离太阳更遥远的地方，还有一颗未知的大行星，它对天王星的摄动对天王星的运行轨道产生了影响，而且他们也都知道，通过观测天王星轨道的变化，反过来使用牛顿的理论，就可以追本溯源，计算出这颗未知行星的轨道和位置。但大多数人都认为，把时间和精力贸然投入到很可能没有结果的事上是不划算的，所以寻找未知行星的事就一直耽搁了下来。

然而，有两位年轻人不畏艰辛，全力投入到寻找未知行星的行动中。英国的约翰·库奇·亚当斯于 1843 年想出了寻找未知行星的方法。1845 年，他计算出这颗影响天王星运行的大行星的轨道，并积极联系英国皇家天文学家乔治·比德尔·艾里。可是他三次来到格林尼治皇家天文台拜访艾里，都没能见到这位知名的天文学家，最后只得留下一份关于计算结果的简短说明遗憾地离去。几天后，艾里写信给亚当斯，对他的努力表示感谢，并问了他一些计算上的问题，但亚当斯没有回信。关于未知行星的探讨就此被搁置了。

与此同时，法国工艺学院年轻的天文学教师奥本·勒维耶也在钻研这一问题。勒维耶生于 1811 年 3 月 11 日，其父是一名小公务员。为了让儿子能够上学，老勒维耶不惜变卖房产。勒维耶最初从事化学实验工作，但他的才华最终在天文学领域得到了极大发挥。

在接受巴黎天文台台长阿拉戈建议后，勒维耶来到巴黎天文台，开始寻找未知的行星。他把自己的研究成果写成论文，寄给几位著名的天文学家。1846 年 6 月，艾里在收到勒维耶的论文后，想起亚当斯的计算结果，顿时着急起来，请剑桥天文台台长查理士用望远镜进行搜索。同时，约翰·赫歇尔也开始赞同以数学的方法去搜寻行星，并说服查理士着手搜寻工作。但是，当时查理士手上没有适合的星图。1846 年 7 月，查理士勉强开始了搜寻工作。

1846 年 8 月 31 日，勒维耶发表了他的论文，题目是"论使天王星运动失常的行星，它的质量、轨道和当前位置的确定"。他写信给欧洲的一些天文台，请他们使用望远镜按他指定的位置寻找这颗行星。同年 9 月 23 日，柏林天文台的约翰·格弗里恩·伽勒收到了勒维耶的信，当时他的助手正好完成了勒维耶预测天区的最新星图，可以作为寻找新行星的参考图。当天晚上，海王星被发现，且与勒维耶预测的位置相差不到 1°。后来，经过对比，这颗新行星的位置与亚当斯当时预测的位置相差 10°。第二天，伽勒和他的助手再次核实前一天的发现，新行星在天区中退行了 70″，与勒维耶的计算正好吻合。9 月 25 日，伽勒写信给勒维耶，在信里他这么写道："先生，您给我们指出位置的那颗行星，确实存在。"

海王星被发现的消息传到英国，查理士经过检查后发现，其实他早在当年 8 月 4 日和 12 日，就已经两度观测并记录下了海王星，

神秘的海王星

但因为他对工作漫不经心，未曾进一步核实，从而失去了率先发现新行星的机会。他因此成了工作懈怠的典型。同年 10 月 3 日，约翰·赫歇尔在伦敦发表了公开信，称勒维耶只是重复了亚当斯早已完成的计算。这一言论导致了对海王星发现者的争论爆发。最后，大家一致认为，发现海王星的荣誉属于勒维耶和亚当斯两个人。值得一提的是，这两位当事人的表现都很淡定，并未介入这场争论，而且后来还成了好朋友。

1998 年，被英国天文学家艾根窃取的海王星资料重现人世，文件表明，当年亚当斯在给艾里的简短说明中，只给出了尚属未知行星的海王星的轨道要素，而没有提供理论和计算的背景信息。到了 2004 年，人们在亚当斯的家庭文档里发现了亚当斯给艾里的一封信，是对艾里询问他计算问题的回复，他声称打算描述自己所用的方法，并针对之前的工作提供一份历史记述。然而计算方法和历史记述都未写在这封复信中，这封标注着 1845 年 11 月 13 日的复信也从未寄出过。就此，后世的一些天文学家认为，亚当斯不应该享有跟勒维耶一样的荣誉，发现海王星的功劳理应属于勒维耶一人。

但是，就天文学的整体发展而言，是谁发现了海王星并不重要，重要的是，海王星是通过计算而非观测发现的。它的发现，验证了牛顿力学的可靠性，也证明了万有引力定律是正确的。

在海王星被发现后的一段时日内，它经常被称作"天王星外的行星"或"勒维耶行星"。后来有人提议使用罗马神话中的双面神雅努斯的名字为其命名。查理士则建议使用大洋河神俄刻阿诺斯的名字，因为在古希腊神话中，俄刻阿诺斯是环绕着宇宙转动的巨大河流。亚当斯建议将其改为"乔治"，而勒维耶提议，这颗新发现的行星应该以罗马神话中的海神尼普顿的名字来命名，他的建议很快被国际天文学界所接受。

如今，与海王星发现相关的一干人等，都被用来命名海王星的环。这颗不寻常的行星被发现不到一个月，英国天文学家威廉·拉塞尔就宣称发现了它的环，但没有人重视他的话。1984 年，人们观测到海王星在掩星前后出现了偶尔的额外"闪光"，其后它被认为是海王星环不完整的证据。在"旅行者 2 号"1989 年拍摄的图像上，发现了海王星的 3 个环。而到目前为止，已发现的海王星光环达到了 5 个。这些环并不像人类在地球上观察的那样断断续续，像一段段的弧形环，这是由于环的反光不均匀造成的。实际上海王星的这些光环都是完整的。

"旅行者 2 号"探测器

海王星最外层的环名为亚当斯，距海王星中心 63 000 千米，包含三段圆弧，已分别命名为"自由""平等"和"博爱"。亚当斯环的内侧是距中心 57 000 千米的阿尔戈环。勒维耶环距中心 53 000 千米。最内侧的伽勒环距中心 42 000 千米。在勒维耶环和阿尔戈环之间是暗淡的拉塞尔环，那位宣称发现了海王星环的天文学家终于得以与他挂心的行星环同享尊荣。

然而，不知道这样的尊荣还能够存在多久。据《新科学家》杂志报道，美国加利福尼亚大学研究人员在 2002 年和 2003 年，利用架设在夏威夷的口径达 10 米的凯克望远镜对亚当斯环进行了观测。他们最近得出的分析结果表明，亚当斯环中的三段弧似乎都在消散，其中自由弧消散得最为明显。如果照这种趋势继续下去，自由弧将在 100 年内彻底消失。

海王星有 13 颗已知的天然卫星，都以跟希腊海神波赛冬相关的人物命名，包括他的子女、情人和随从等。最大的一颗卫星——

海卫一，在海王星被发现 17 天后就被威廉·拉塞尔发现了。天文学家们以希腊神话中海神波赛冬的儿子特里同的名字命名。它的大小和组成类似冥王星，是太阳系中最冷的天体之一，也是太阳系内 4 颗有大气的卫星之一，且有着只有行星才有的磁场。与其他大型卫星不同，海卫一有一个逆行轨道，即它的公转方向与自转方向相反。科学家们推测，海卫一可能是被海王星俘获的柯伊伯带天体。

　　海王星的第二个已知卫星——海卫二形状很不规则，拥有太阳系中离心率最大的卫星轨道。同样具有不规则形状的还有海卫八，它是由"旅行者 2 号"于 1989 年飞经海王星时发现的，是已知太阳系内最暗的天体之一，只反射 6% 被照射的太阳光。海卫八的直径超过 400 千米，比海卫二大。但因为海卫八非常靠近行星，容易被行星反射的太阳光掩盖，所以它未能被地基的望远镜所发现。科学家们认为，海卫八之所以呈非球形，是因为它的自身引力不够大，在类似密度的天体中，它已达到了尚未被自身引力拉至球状的最大极限。或许正是由于它形状不规则，天文学家们才赋予了它"普罗透斯"这个名字。普罗透斯是希腊传说中"海老人"的名字，意为"最早出世的"，含有最初之意。据《荷马史诗》记载，海老人有预言未来的能力，但是他的外形千变万化，人们很难捉住他。

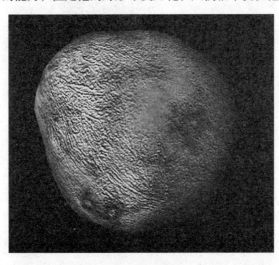

不规则的海卫二

　　2006 年，国际天文学联合大会颁布了太阳系天体的新划分标准，"外海王星天体"这一名词诞生，简称"海外天体"，指太阳系中所在位置或运行轨道超出海王星轨道范围的天体。海王星外的太阳系由内而外可再分为柯伊伯带和奥尔特云区带。海王星运行轨道因此成为一个衡量标准。而且，从此之后人们提起海王星，总会把它和"太阳系最后一颗大行星"挂起钩来。

　　海王星真的是太阳系最后一颗大行星吗？或许在太阳系内，海王星运行轨道以外的星域，确实再没有符合最新大行星定义的天体了。不过，难保天文学家们不会再度修改大行星的定义，而天文学上的变动，对于很多文学作品来说，经常被视为是"灾难性"的。以现今的天文学知识衡量过去的作品，总能发现许多"不科学"的地方，对于这种所谓的"不科学"，大概只有了解科技领域变革的人，才能冷静地持以宽容的态度。

微信扫码
探索宇宙奥秘
☆ 知 识 科 普
☆ 故 事 畅 听
☆ 观 测 指 南

12　　　　　　　不和女神惹的祸

◇ ⋯⋯⋯⋯⋯

　　《圣斗士星矢》是日本著名漫画家车田正美的代表作之一，1985 年 12 月起开始在少年漫画杂志《周刊少年 Jump》上连载。这个讲述热血少年通过自身拥有的爱与勇气，激发出小宇宙，为守护地球与诸神对战的故事，刊载不久就风靡了整个日本，后来更扩展到东南亚各地。目前已连续推出了《银河战争篇》《圣域黄金十二宫篇》《北欧奥丁篇》《海皇波赛冬篇》《冥王哈得斯篇》等续集。

　　在《冥王哈得斯篇》中，车田正美构思了作为人类守护神的雅典娜与冥王哈得斯的对决，而星矢等人身为女神的圣斗士，也不可避免地与冥王手下的冥斗士打得天翻地覆。哈得斯将历次战争中死去的圣斗士复活，撒加、卡妙、米罗等这些曾经风光无限的黄金圣斗士，在重生后都披上了黑光闪闪的冥衣，向他们曾经誓死守护过的圣域发起攻击。连番恶战，使得圣域几近毁灭。参透"阿赖耶识"的处女座圣斗士沙加和女神雅典娜以活体闯入冥界。星矢等 5 人以女神之血修复已经破损的圣衣，随后闯入潘多拉城。他们打败了 108 位冥斗士，凭借 12 黄金圣斗士的力量和沾染女神之血的圣衣的保护，冲过叹息之墙和异次元空间，来到了至高无上的天堂极乐净土。他们的到来惊动了守护哈得斯的死神和睡神，凭借着升级到"神圣衣"的铠甲，星矢等人以凡人身份与神开战。而另一边，

《圣斗士星矢》漫画

每243年一度的雅典娜与哈得斯的圣战也开始了⋯⋯

《冥王哈得斯篇》是《圣斗士星矢》中战斗最为激烈的一部，也是迄今为止所受关注最多的一部。这或许和人们天生畏惧死亡有一定的关系——在神话传说中，哈得斯执掌地狱，死后的人们都要去他那里报到。

事实上，从古至今的文学作品中，如《圣斗士星矢》这般"诋毁"冥王哈得斯的著作非常之多。在大量的魔幻故事里，勇士们最后都要与死神或地狱之王交锋，而且通常情况下都会是勇士们取得决定性的胜利。

然而，很讽刺地，在希腊最早的神话中，冥王哈得斯是众神中最安分守己、朴实平易的一位。他唯一的"恶行"也不过是在中了小爱神厄洛斯的金箭后，热血沸腾，抢走了外甥女珀尔塞佛涅，强迫她成了冥界的王后。

我们的文学家们的确是使冥王蒙受了不少的不白之冤。令人啼笑皆非的是，天文学家们在这方面并不比文学家们差，站在冥王的角度，来自天文学家的"侮辱"已到了可以忍耐的极限——2006年，天文史上争论最激烈的事爆发了。之后，世界盛传："冥王星被开除星籍！"

冥王星是1930年2月18日由克莱德·汤博发现的。当年，这一发现轰动了整个天文界。

早在海王星被发现后，勒维耶就曾预言："对这颗行星观测三四十年后，我们将能利用它来发现紧随其后的那颗行星。"

这一预言的实现比勒维耶预计得稍晚些，但这一发现过程仍要归功于牛顿经典力学。

海王星被发现之后不久，天文学家们发现，即使把海王星对天王星的摄动计算在内，天王星的计算位置与实际观测结果仍有微小的偏离，同时海王星的运动也很不正常。于是很多人猜测，在海王星轨道外还有一颗大行星，在干扰这两颗行星的运行。1905 年，美国天文学家洛韦尔推算出了这颗大行星的位置，但他从未找到过它。直到洛韦尔去世 13 年之后，年轻的观测员汤博经过一年多的努力，终于发现了这颗遥远黯淡的行星。

时任洛韦尔天文台台长的斯莱弗于同年 3 月 13 日公布了汤博的这一发现，这天是洛韦尔诞辰 75 周年纪念日，同时也是赫歇尔发现天王星 149 周年纪念日。消息一公布，为该行星命名的提议就如潮水般涌向洛韦尔天文台。其中，英国的一位 11 岁女孩维尼夏·博尼建议，以罗马神话中冥王普路同的名字来给新行星命名，因为这颗行星和地狱之王一样，生活在幽暗寒冷的世界中。斯莱弗采纳了这一建议。同年 5 月 1 日，他宣布新行星的名字为"普路同"。在希腊神话里，"普路同"对应的就是"哈得斯"，中文则译为"冥王星"。

冥王星可以说是一颗非常独特而又神秘的天体，它的许多情况目前还是未知的。现今的很多数据都是根据其他观测发现推断出来的。例如，它的表面温度在 −230℃ 左右；组成成分还不清楚，根据其密度分析，大概与海卫一一样，由 70% 岩石和 30% 冰水混合而成；大气不甚明了，可能主要由氮和少量的一氧化碳及甲烷组成。而根据其他的观测，人们推断出冥王星的另外一些情况：冥王星与太阳的平均距离为 59 亿千米，直径约为 2 370 千米，平均密度约为 2.0 克/厘米^3，质量约 1.290 × 10^{22} 千克，自转周期约 6.387 天，公转周期约 248 年——在车田正美创作《圣斗士星矢》时，科学家们推断冥王星的公转周期为 243 年，所以在"冥王篇"里，雅典娜与哈得斯的"圣战"也是每 243 年一次。以古代神话和天文学作为支撑的文学作品，总是难免遭遇这类事情。

对冥王星了解稀少，并不妨碍天文学家们对它"品头论足"。又或者，正因为了解得少，天文学家在做决定时，才更放得开手脚。2006 年，天文学家们决定将冥王星称为"天行星"，他们给出数个理由：

自冥王星发现以来，一直流传着这样一个说法：冥王星的发现实际上是一个幸运的错误。当初研究天王星和海王星的运动时，使用的海王星质量数值是错误的，汤博并不知道这个错误，因此才仔细巡查了太阳系，最终发现了冥王星。而汤博又错误地估算了冥王星的质量，这才使得它拥有了大行星的身份。如果当时使用的是"旅行者 2 号"计算出的海王星质量数值，那么质量差异就会消失，也就不会发现这颗"第九大行星"了。质量过小成为冥王星不该跻身大行星行列的"罪状"之一。但是，公正地说，如果没有发生这个"幸运的错误"，很可能在相当长的一段时间内，人们都不会投入热情和精力，去寻找第十颗大行星了，那么天文学上的发现和成果也就不会是现今这个样子了。

冥王星的运行只能以"怪异"来形容。它绕太阳运行的轨道非常扁，轨道倾角有 17° 之大，有的时候它会比海王星离太阳更近。它的赤道面与黄道面交角接近 90°，因此它也和天王星一样，是躺在轨道上运行的。运行方式也是冥王星不该成为大行星的一个理由。

此外，冥王星距离太阳非常遥远，其周围的太空环境可用"寒冷阴暗"来形容，这一处境和罗马神话中住在阴森森的地狱里的冥王非常相似，所以最终它获得了"冥王星"这一名称。由于太小太暗，在发现后的很长一段时间内都无法确定它的大小：发现之初，估计它的直径是 6 600 千米，1949 年改为 10 000 千米，1950 年又修正为 6 000 千米，1959 年测得它的直径上限为 5 500 千米，1977 年发现冥王星表面是冰冻的甲烷，按其反照率测算，冥王星的直径缩小到 2 700 千米。1988 年 6 月 9 日，冥王星刚好运行到一颗恒星的前面，根据恒星被遮掩的时间，天文学家们测定冥王星直径约为 2 344 千米。2015 年 7 月，根据"新视野号"传回的数据，天文学家们推测冥王星直径约 2 370 千米，比月球还要小，其质量也只有月球的五分之一。"身材瘦小"使得冥王星备受某些天文学家的歧视。

"新视野号"探测器

现已知冥王星拥有 5 颗卫星，最大的一颗为"冥卫一"，也是凭借着幸运发现的。1978 年，美国天文学家詹姆斯·克里斯蒂在研究冥王星的照片时，偶然发现冥王星的小圆面略有拉长，经过研究查证发现这一现象是有规律地出现的，于是他断定冥王星有一颗卫星。曾有人提议用冥后珀尔塞佛涅的名字来给冥卫一命名，但它最终被定名为"卡戎"，这是希腊传说中冥河摆渡人的名字。有没有卫星曾被作为是否列入大行星行列的一个衡量标准，因而冥卫一曾在很长一段时间内维护了冥王星的大行星地位。但后来人们发现小行星也有卫星，于是这一标准便作废了。卡戎的公转周期与冥王星的自转周期一样，都是 6.39 日，有人推断冥卫一可能是冥王星与另外一个天体碰撞的产物，就像月球最初是地球的一部分一样，冥卫一也是因碰撞而从冥王星上撕裂下来的。

不论冥王星该不该算大行星，这颗饱受"委屈"的行星给我们带来了行星的新定义——"行星"指的是围绕太阳运转、自身引力足以克服其刚体力（能维持固体表面性状的力）而使天体呈圆球状、能够清除其轨道附近其他物体的天体。

冥王星（右）和它的卫星"卡戎"（左）

　　但"冥王星降级"这一决定遭到许多人的反对，并在公众中引起强烈反应。许多人以"有些科学家私自将冥王星划归矮行星"来描述这一投票事件。

　　关于冥王星身份问题的争论还没有结束。2009 年 3 月 9 日，美国伊利诺伊州决心挑战国际天文学联合会的决议。该州认为国际天文学联合会完全由一帮"傻瓜"组成，决定将 3 月 13 日定为该州的"冥王星日"，并从这年 3 月 13 日起，恢复冥王星的行星资格。伊利诺伊州之所以做出这样的决定，一是因为冥王星的发现者汤博出生于此州，二是在国际天文学联合会做出将冥王星降级的决定时，其实只有 4% 的成员投票。

　　某些极具幽默感的人将冥王星的降级归罪于"不和女神的捉弄"。事实上，正是由于这颗如今被命名为"阋神星"的矮行星的发现，直接导致了冥王星失去大行星的资格。

　　自从 1930 年冥王星被发现以后，"搜寻太阳系第十大行星"就成为天文学的热门课题。一些天文类的科普书也专门探讨太阳系是否存在第十大行星。一些科学家坚信第十大行星是存在的，并称之为"X 行星"。

　　科学的发展通常会促进文化的繁荣。在科学家们费尽心思寻找第十大行星之际，科幻作家们也没闲着，很多人在自己的作品中给出了假设或猜测，例如我国著名的科幻作家绿杨老师就在他的科幻小说《空中袭击者》中写道，第十大行星的轨道是极扁长的。科幻作家于向昕也曾在他的短篇小说《破碎的彩虹》中给出了他的推测：人们发现太阳系内根本没有第十颗大行星，于是在本该属于第十颗大行星的位置上建立了西纳太空城，而位于冥王星轨道以外的那颗行星，其轨道面相对于地球的轨道面有个45°的夹角……

　　在冥王星被发现73年后，即2003年，一颗新的行星被发现了，它被冠以因纽特传说中造物女神的名字"塞德娜"。发现者原本期待它能够获得"太阳系第十大行星"的称号，但后来大家发现，塞德娜比冥王星还要小，因此它失去了被称作大行星的资格。

　　2005年7月29日，塞德娜的发现者迈克·布朗对外宣布，他发现了第十大行星，并暂用电视剧《战神齐娜公主》的主人公齐娜（Xena）的名字为其命名。巧的是这颗行星的轨道倾斜角真的是45°，而且它的代号"Xena"正与《破碎的彩虹》中取代第十大行星位置的太空城同名——音译成中文也叫"西纳"。而布朗最得意的是这一名字的缩写"X"正好可以指代第十大行星。

　　经过一番争论和研讨，"齐娜"这一名称终被废除。天文学家们采用了"厄里斯"这个名字来称呼这颗新发现的天体，这是古希腊神话中不和女神的名字，中文按意译称为"阋神星"。正是这位女神，无端从天上扔下个金苹果，挑起了众女神的纷争，直接导致了特洛伊战争的爆发。这场持续了10年的战争被荷马以精美的语言记录下来，写在《伊利亚特》中。同时，厄里斯的卫星，原本被临时命名为"加布里埃尔"，后来也被正式定名为"底斯诺弥亚"，这一名称来自厄里斯的女儿违约女神。"齐娜"——"厄里斯"终究没能获得"第十大行星"的头衔，不仅如此，它还连累冥王星也失去了大行星的资格。天文学家们这回真是做了笔赔本生意。

　　不过，"厄里斯"还是给大家带来了一些惊喜，使公众有了更多的闲谈话题。比如说，在古希腊神话里，不和女神引发了特洛伊战争，导致了这座历史名城的毁灭；而在现实中，"厄里斯"点燃了"什么是行星"的争论，并终于推翻了过去的天文学家们对太阳系天体的分类，导致冥王星被开除出大行星行列。

对于"厄星斯"未能挤进大行星行列，许多人都有意见，而冥王星的"降级"更是遭到了大批人士的反对和抗议。布朗在网站上说："我们宣布新发现的比冥王星更大的天体，确实是一颗行星——文化意义上的行星，历史意义上的行星。我不会去争论它是否在科学理论上是行星，因为现在还没有适合太阳系和我们文化的科学定义，所以我决定让文化意义胜出。"

科学知识中某些定义的改变，总会影响到当今的文化和生活，而文化中有相当一部分来源于传统。科学知识中某些定义的改变，确实会给文化乃至生活带来不便。人们就是在对传统的坚持与改革中争论着、探讨着、创造着新的历史与文化。

微信扫码
探索宇宙奥秘
☆ 知识科普
☆ 故事畅听
☆ 观测指南

13 毁灭世界的煞星

◇ ·······

　　《封神演义》俗称《封神榜》，又名《商周列国全传》，是明朝许仲琳创作的一部中国古代神魔小说，成书约在隆庆、万历年间。这本志怪小说很完整地讲述了姜子牙发迹的过程：他32岁上昆仑山学艺，40年后略有所成，但未能成仙，被师父元始天尊派到人世筹备封神事宜。后来他接受了周文王的礼聘，先后辅佐了文王、武王父子两代君主，最后推翻了商纣王的统治，帮助武王姬发建立了周朝。由于在创业过程中劳苦功高，周武王将齐国的土地封给了姜子牙。"抗纣"战争结束后，姜子牙建坛封神——这相当于帮助玉皇大帝任命天上的官员——最后，天上人间都过上了太平日子，姜子牙也终于了却使命，位列仙班。

　　看过《封神演义》的读者都知道彗星与姜子牙有着说不清的缘分。据小说记载，姜子牙在被周文王礼遇之前，曾娶过一个老婆。姜太太的闺名《封神演义》里没写，只知道老太太姓马，所以大家就依照古时候的风俗习惯叫她"马氏"。68岁的马氏初做嫁娘，很是兴奋，积极地以相夫教子为己任。由于老夫妻俩没孩子，所以她的工作重点就集中在了姜子牙身上，天天催着姜子牙"去做个正经营生"。可姜子牙在昆仑山呆了40年，借助挑水砍柴练得功力高深，做生意却是没头脑。一开始姜子牙觉得婚姻生活挺新鲜，还肯听马氏的话，出去卖卖面粉什么的，后来他发现自己实在不是块做生意的料，做什么赔什么，就不爱出去工作了。马氏对此很不满，夫妻俩天天吵架，吵来吵去，老太太一赌气，给了老头儿一份"离婚协议书"，老两口离婚了。没了马氏管束，姜子牙天天"游手好闲"，跑到渭水河边去钓鱼。可能是在昆仑山的时候疏于练习，鱼也没钓上几条来。不过姜子牙运气好，"钓"上来一个周文王，不久就被当作人才，并被任命为丞相。西周建立后，姜子牙更成了齐国的国君，算是有了大出息。马氏听说以后，一生气就上了吊，死了以后变作一颗带着长尾巴的星星。姜子牙不忘旧情，封马氏为"扫帚星"，派她天天扛着把大笤帚去打扫天街。

其实"扫帚星"只是我国民间对它的俗称，在天文学中正式登记的名字是"彗星"。彗星属于太阳系小天体，是太阳系中比较特殊的成员。它沿着非常扁的椭圆轨道环绕太阳运行，结构比较复杂。中间密集而明亮的固体部分叫"彗核"，是由冰冻着的各种杂质、尘埃组成的；彗核的周围被云雾状的物质包围着，这些物质叫作"彗发"。彗核和彗发合成彗头，有的彗星还有彗云。

在远离太阳时，彗星只是个云雾状的小斑点；而在靠近太阳时，由于温度升高，组成彗星的固体蒸发、气化，进而膨胀，有时甚至会喷发，这就产生了"彗尾"。彗尾是由气体和尘埃组成的，体积极大，可长达上亿千米。它形状各异，有的还不止一条，一般总是向着背离太阳的方向延伸，且越靠近太阳，彗尾就越长。在地球上观测，多数彗星看起来形如扫帚，因此彗星就有了"扫帚星"这么一个别称。并不是所有的彗星都有彗核、彗发、彗尾等结构。

彗星没有固定的体积，它在远离太阳时，体积很小；在接近太阳时，体积变得十分巨大，彗发会变得越来越大、彗尾变长，彗尾最长可达2亿多千米。

彗星是个"脏雪球"。它的质量非常小，彗核的平均密度为1克/厘米^3；彗发和彗尾的物质极为稀薄，其质量只占总质量的1%~5%，甚至更小。彗星主要由水、氨、甲烷、氰、氮、二氧化碳等物质组成，而彗核则由凝结成冰的水、干冰、氨和尘埃微粒混杂而成。

彗星绕太阳运行的轨道一般分为三类：椭圆、抛物线、双曲线。轨道为椭圆的彗星能定期回到太阳身边，称为周期彗星；轨道为抛物线或双曲线的彗星，终生只能接近太阳一次，称为非周期彗星。周期彗星又分两种，围绕太阳公转的周期短于 200 年的叫作短周期彗星，超过 200 年的叫作长周期彗星。

　　在古代，无论是东方还是西方，都把彗星的出现看作极为不吉利的事，认为彗星是种能够引发恐慌的灾星。古人经常以星体的运行来做占卜，这种活动称为"星占"，在各地的星占中，中国的占星术可谓独树一帜，与众不同。然而，对于彗星的解释，东、西方的占星术却是不多见的统一。在《大唐开元占经》中巫咸对于彗星的解释为"天下大乱，兵起四方"，以及"除旧布新，扫去凶殃"等。彗星一出，天下大乱，和世界末日相差无几。这种观念，早在周朝末年便已在中国形成，且根深蒂固，牢不可破，流传了 2 000 多年都未曾有丝毫改变。有史以来第一次记载"哈雷"彗星回归是在《左传·文公十四年》中："秋七月，有星孛入于北斗。"也就是说，彗星出现在北斗七星中，而恰好北斗七星所主的是君王的命运。因此，东周的内史叔服预言，不出七年，宋、齐、晋的国君都要死于动乱。果然，彗星出现后三年，宋昭公被宋襄夫人指使的凶手杀害。五年后，齐懿公被杀。七年后，晋灵公被赵穿杀死于桃园。这是关于彗星的极其有名的一次星占。

"哈雷"彗星

　　由于彗星常被看作是一种能够毁灭世界的煞星，因此人们对它们非常重视，每当彗星出现，都会认真观测并记录。我国古代关于彗星的记录十分全面。从商朝到清代末年，保留的彗星记录在 360 次以上，其中有关"哈雷"彗星的记录就多达 32 次。西方学者经常要依靠我国古代的典籍文献来推算彗星的运行轨道和周期，以断定某些彗星的回归复见。

　　彗星家族中首屈一指的"明星"非"哈雷"彗星莫属，它是人类首颗有记录的周期彗星，也是人类研究得最仔细的彗星。它以英国著名天文学家爱德蒙·哈雷的名字命名，因为他是推测出周期彗星的第一人，并预言了"哈雷"彗星将于 1758 年底至 1759 年初回归。不过"哈雷"彗星最早及最完备的记录皆见于中国古代文献。

　　1910 年，"哈雷"彗星的回归造成世界大恐慌。当时计算出的结果显示，"哈雷"彗星经过近日点后，彗尾将扫过地球。一些媒体故意夸大其恐怖性，有些报刊甚至散布"哈雷"彗星的尾巴带有毒气，因此有些人认为世界末日将来临，某些地区竟有人因此而自杀。

　　在日本漫画《机器猫》中，有一篇名为《哈里的尾巴》，详细描绘了 1910 年"哈雷"彗星给日本民众带来的惶恐。故事是这样的：主人公野比康夫在帮助父亲收拾家里的小仓库时，发现了曾祖父阿吉留下的藏宝书，上面写明到 1986 年"哈里的尾巴"将再次袭击地球，到时候如果遇到危险，后代子孙可以挖掘柿子树下埋藏的宝物，使用这个宝物就能够免除灾难。野比的父亲当场将藏宝书传给了野比。祖先的藏宝书令野比非常不安，因为 1986 年马上就要来到了。野比猜测会有什么样的灾难降临地球，机器猫为了消除野比的恐慌，拿出了时间电视。借助这个来自未来的神奇道具，他们看到了 1910 年还是小学生的阿吉的遭遇——班主任告诉大家，"哈里的尾巴"即将扫过地球，届时地球上的空气会被吸光。阿吉想出了用自行车轮胎贮存空气的方法，可同班的两名同学抢先把镇上的轮胎全部买走了。野比急欲帮助曾祖父，便和机器猫坐上时光机，回到了 1910 年，把自己幼年时用过的游泳圈送给了阿吉。在他们返回时，惊讶地看到了横亘夜空的巨大彗星，野比和机器猫这才明白，原来"哈里的尾巴"指的是"哈雷"彗星的彗尾。在这个故事的结尾，漫画的作者藤本不二雄借机器猫之口说出了自己的感悟：过去科学知识不发达，人们对彗星了解有限，所以才会产生这样的恐慌。

彗星会不会给地球上的人类带来战争，我们不得而知。因为直到现在，我们仍然找不出这两者之间的必然联系。不过，一些科学家正试图将恐龙的灭绝归因于彗星，倘若这一观点能够得到证实，彗星的"灾星"之名也就不算是空穴来风了。

"恐龙为什么会灭绝？"是一个世界之谜，许多科学家对此提出了多种推断，"彗星撞击说"是其中最具影响力的一种。美国阿拉斯加大学费尔班克斯分校的古生物学教授别克·谢普顿和墨西哥国立大学教授马林共同提出了这样的设想：大约6 500万年前的某一天，有一颗直径10千米、重达数十亿吨的彗星撞在了墨西哥尤卡坦半岛的梅里达地区，撞出一个直径200千米的陨石坑。撞击引发的大爆炸释放出的能量，相当于同时引爆数百枚投向日本广岛的原子弹，威力可想而知。梅里达地区犹如遭到了超级核弹的攻击，所有的岩石全部熔成了浆水。正是这一次撞击，导致地球上60%的物种灭绝，其中就包括恐龙。

彗星撞地球假想图

　　《机器猫》里的长篇大冒险《恐龙骑士》，就引用了"彗星撞击导致恐龙灭绝"这一假说。在这个感人的故事里，藤本不二雄让机器猫充当了恐龙的拯救者。故事是这么设计的：为了藏匿零分考卷，野比央求机器猫拿出寻找洞穴的工具，并利用它找到了一个硕大的空洞。由于地面上的游戏场所被占据，野比邀请静子、大胖和强夫等小伙伴来到地下的空洞里玩耍。强夫意外地在地下发现了他掉进河里的模型飞机，一路跟随它来到地下的一处大空场，目睹了一大群活生生的恐龙。为了揭开真相，强夫带着摄影机再度进入地底，却失去了踪迹。野比和机器猫根据强夫拍摄的场面了解了地下洞穴的秘密，为了找到失踪的强夫，他俩和静子、大胖再次深入地下。在遭遇了吃人的河童一族，身陷危机之际，一行人被一位恐龙骑士救下。他们与强夫重逢，得知地下人全都是由恐龙进化而来的，并且已发展出高度文明。在逗留地下期间，野比偶然发现地下人正在密谋一个名为"大远征"的计划，其目的似乎是为了对抗生活在地上的人类。机器猫欲带着野比等人逃回地上，却被恐龙骑士抓回，并被带上时间飞船，前往 6 500 万年前。原来恐龙人意图解开 6 500 万年前恐龙遭受空前劫难之谜。不明白恐龙人想法的机器猫和野比等人再度出逃，并借助机器猫拿出的"小叮当风云城"，在远古设下与恐龙人对决的堡垒。正在双方即将开战之际，一颗巨大的彗星从天坠落，机器猫等迅速停止作战，展开拯救恐龙的行动。而恐龙人也惊讶地发现，正是因为在 6 500 万年前机器猫和野比等人拯救了部分恐龙，使它们转入地底生活，才有了今天由恐龙进化而来的地下人……

　　或许我们永远也无法发现由恐龙进化而来的智慧生命，然而，彗星撞地球这种可能性却绝不能忽视。1994 年，"苏梅克—列维 9 号"彗星撞击木星，曾引起全世界轰动，也给了人们一个重要的警示：如果有朝一日彗星撞上了地球，地球的环境将遭受严重破坏，那时地球上所有的生物都可能如恐龙一样，不可避免地走上灭绝之路。

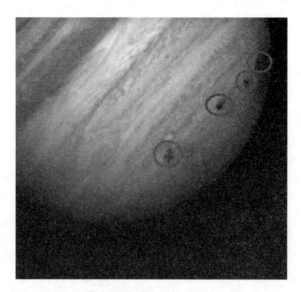

彗星撞击木星南半球产生的褐色"伤疤"

　　由美国派拉蒙电影公司和梦工场联合制作的《天地大冲撞》就是以彗星撞地球为题材的一部科幻电影。它精彩地描绘了世界末日来临之时，人类为拯救自然物种和自身所做的种种努力——

　　在弗吉尼亚里奇蒙天文实验室里，14 岁的里奥·贝德曼无意中发现了一颗不知名的彗星。后经科学家沃尔夫证实，这颗重约 500 兆吨的彗星的运行轨道与地球轨道相交，大约 1 年后就会与地球相撞。为了拯救地球，美国政府决定派遣由前宇航员坦纳船长率领的小组，驾驶由美、俄联合制造的飞船"弥塞亚号"登陆彗星，试图用核装置引爆彗星，或使彗星偏离原来的轨道。但是，由于对彗星结构分析得不够，爆炸仅使彗星分成了大小两块，而碎片仍然飞向地球。"弥塞亚号"则在行动失败后与地球失去了联系。彗星的撞击必然会破坏地球环境，给地球上的生命带来致命打击。为了使地球上的物种能够延续，同时拯救人类自身，政府不得不启动了"方舟"计划，即建立一处秘密庇护所，让植物、动物和人类的精英在其中繁衍，并储存了植物的种子。撞击的日子终于到来了，第一块小彗星以超过声音的速度撞进了大西洋，顷刻之间纽约、波士顿、费城等地被海啸吞没。危急关头，"弥塞亚号"几经波折又与地球取得了联系，宇航员们毅然启动核装置，义无反顾地冲向随后而来的大彗星块。人类最终得以拯救。

事实上，在现实生活中，为了预防彗星撞地球，各国科学家们提出了许多预案，《天地大冲撞》里提到的就是其中一个。但所有的方案都有赖于一点，那就是先要发现那些对地球"心怀不轨"的彗星。因此，寻找和观测彗星成为人们关注的焦点。2002年2月1日晚，中国天文爱好者张大庆在开封市柳园口黄河大堤上用自制的天文望远镜发现了一颗新彗星。这是第一次由天文爱好者独立观测发现的彗星。为了表彰张大庆的发现，这颗彗星被命名为"池谷—张"彗星，这也是首次以中国人命名的彗星。后经观测计算得出，该彗星公转周期为366.51年。据中国江苏吴江县志记载，1661年2月2日，曾有一颗异常壮观的彗星出现在夜空中，有学者认为这是"池谷—张"彗星的上一次回归，这一说法后来得到了证实。2008年2月2日，天文爱好者、江苏省苏州市盘门风景区解说员陈韬和新疆乌鲁木齐市第一中学物理老师高兴，又发现了一颗新彗星，国际天文联合会以发现者的姓氏将这颗彗星命名为"陈—高"彗星……在天文学家和天文爱好者们的共同努力下，越来越多的彗星被发现。科学家们正密切关注着它们，以找到"心怀不轨"的那一颗。

14 　　　　　　　来自太空的焰火

◇ ·················

　　法国贵族德·儒韦尔夫妇在奥韦涅的沃尔尼城堡招待宾客。8月13日这天,德·儒韦尔夫人请来了她的女友——著名演唱家伊丽莎白·奥尔南。参加午宴的除了伊丽莎白,还有三对年轻夫妇、一位退休的将军以及让·德·埃勒蒙侯爵。侯爵是伊丽莎白的恋人,他们约定,等伊丽莎白和丈夫离婚后就举行婚礼。众人并不知道侯爵与伊丽莎白的关系,只注意到她脖颈上戴着绝美的项链。这条由钻石、红宝石、纯绿宝石杂乱地串在一起的项链流光溢彩,熠熠生辉。其实,这是德·埃勒蒙侯爵的财产,为了表示他的爱慕之心才让伊丽莎白佩戴的。伊丽莎白听到人们称赞她的项链,感到很不安,遂告诉大家这些珠宝是仿造的。

　　午饭后,德·埃勒蒙侯爵找了个机会,将伊丽莎白带到一边说起了悄悄话,其他宾客则聚在女主人周围。在德·儒韦尔夫人的带动下,客人们一致要求伊丽莎白为他们演唱一曲,伊丽莎白想方设法推脱,可终究拗不过众人的热情。

　　人们都坐在平台上,一个凹形的花园从他们脚下伸展开去,花园尽头是一些小土丘,上面零星分布着古城堡、塔楼、角堡和小教堂的废墟。伊丽莎白决定遵从人们的意愿,选定在废墟上演唱。德·埃勒蒙侯爵将她送到废墟脚下。

　　大家看见伊丽莎白独自一人登上陡峭的阶梯，站在一个像基座的土丘上，而德·埃勒蒙侯爵从凹形花园里踅了回来。当伊丽莎白纵声歌唱时，德·儒韦尔夫妇和宾客们都聚精会神地倾听。城堡里的仆人、雇工，紧挨着庄园围墙的田庄员工，还有附近村子的十来个农民，也都聚在门口和灌木丛角落里，如痴如醉地听着。每个人都觉得这一刻美妙无比。

　　然而，灾祸突然降临了，曼妙的声音戛然而止，在围有栅栏的平台上歌唱的伊丽莎白突然倒了下去。大家爬上那高处的平台，发现伊丽莎白已躺在地上了无生气。她袒露的肩头和胸口有几处伤口，鲜血汩汩直流。同时，众人也发现了件不可思议的事情——她那绝美的项链不见了！

　　警方围绕伊丽莎白的死亡立即开展了调查。无可争议，这确实是一起凶杀案。但是，没有发现凶器、弹头，也没有抓到凶手。42个目击者当中，有5人肯定地说看到什么地方发出一道光。可是发光的方向和地点，5个人却说法不一。另外，有3人声称听到了沉闷的枪响，其他39人却什么也没听到。在歌唱家倒在地上的时候，几个在城堡最高一层观看的仆人，眼睛一直没有离开她和那个土台，土台背后是悬崖绝壁，从那里是无法上下的。

　　警方的调查毫无结果，不久就草草收场了。这桩案件被挂了起来，只有从巴黎来的年轻警察戈热莱依然执着地追查着，希望获知真相。

　　15年后，著名的大盗兼私家侦探亚森·罗平听说了这件奇案，千方百计地结识了已落魄的德·埃勒蒙侯爵，并从他嘴里打听到事发时的一些细节。罗平在案发现场找到了一块核桃大小的圆石子，上面凹凸不平，坑坑洼洼，棱角都被高温烧平了，表面留有一层黑亮的釉质。他把这块石子送到一家实验室，科学家在石子表层发现了碳化的人体组织碎片。凭着这块石子，罗平给出了令人吃惊的结论——凶手是"英仙座"。原来，伊丽莎白死于英仙座流星雨的袭击，她是被高速坠落的陨石砸死的。而那条项链，在演唱前被她藏在了小路旁边的花盆里。

　　《英仙座凶杀案》是法国著名推理作家莫里斯·勒布朗的名作，

原本是《双面笑佳人》中插叙的一个小案子，后来在某些国家被改编为短篇推理小说发表。在勒布朗生活的年代，像这样以天文学知识为基点的推理小说极为稀少，而这部作品却以它的严谨性和奇诡结论为大众所称道。

在文化传统中，历来都把看见流星当作一种好运气，并认为向流星许的愿十分灵验，一定可以实现。这一风俗在西方尤其流行。而勒布朗却偏反其道而行之，不但将来自英仙座的流星安排成"凶手"，还使其成了致使德·埃勒蒙侯爵与伊丽莎白阴阳相隔的"罪人"。在小说里，亚森·罗平以这样的话语来提示人们正视流星："每天有成百万上千万这样的石头，如火流星、陨石、陨星、解体的行星碎片等，以极快的速度穿过太空，进入大气层时发热燃烧，落到地球上。每天这样的石子有好多吨。这样的石子人们拾到过几百万块，大大小小各种形状都有。只要其中一枚偶然击中一个人，就会引起死亡，无缘无故，有时不可思议地死亡。"

在解释他的破案过程时，亚森·罗平说道："这颗陨石，我相信最初调查的警察也看见了，只是他们没有留心……这颗陨石在这儿无可争议地证明了事实。首先，是惨案发生的日子，8月13日正处在地球从英仙座流星群下经过的时期。而我可以告诉你们，这个日子是我首先想到的一点理由……这种陨石雨虽然一年到头都有，但在一些固定的时期尤为密集。最著名的就是8月份，确切地说，8月9日至14日这段时间的陨石雨似乎来自英仙座。'英仙座流星群'也由此得名，它指的就是8月份这段时间的流星群。我戏称英仙座是杀人凶手，原因也在这里。"

抛开传统文化，而以较为科学的眼光来审视《英仙座凶杀案》，亚森·罗平无疑是正确的。他所提到的"成百万上千万这样的石头"，在未进入地球大气层的时候，被科学家们称作"流星体"。它们是环绕太阳运行的微小天体，通常包括宇宙尘粒和固体块等空间物质，其轨道千差万别。流星体在接近地球时由于受到地球引力的摄动而被地球吸引，从而进入地球大气层，并与大气摩擦燃烧产生光迹，这就是"流星"。

沿同一轨道绕太阳运行的大群流星体称为"流星群"。一大群流星体闯入地球大气形成的特殊天文现象，就是"流星雨"。这些成群的流星看起来像是从夜空中的一点迸发出来，并坠落下来，这一点或一小块天区叫作流星雨的辐射点。

流星群是由周期性彗星分解出来的或由瓦解了的彗核所形成的物质，所以流星群和其母体彗星有大致相同的轨道。由于流星群的轨道通常都是固定的，所以地球会周期性地穿越这些流星群，形成固定出现的流星雨。为区别来自不同方向的流星雨，通常以流星雨辐射点所在天区的星座给流星雨命名。

流星雨

著名的流星雨有每年 4 月出现的天琴座流星雨、5 月的宝瓶座流星雨、6 月的牧夫座流星雨、8 月的英仙座流星雨、10 月的天龙座流星雨、10 月底至 11 月初的猎户座流星雨、11 月中旬的狮子座流星雨以及 12 月的双子座流星雨等。其中，形成宝瓶座流星雨和猎户座流星雨的就是有名的"哈雷"彗星。英仙座流星雨在每年 7 月 17 日到 8 月 24 日这段时间出现，几乎从来没有在夏季星空中缺席过，它的母体彗星名为"斯威夫特·塔特尔"。英仙座流星雨来临时，流星数量众多且时值夏季，因而它成为最适合非专业人士观测的流星雨。1992 年，斯威夫特·塔特尔彗星通过近日点前后，英仙座流星雨大放异彩，流星数目达到每小时 400 颗以上。值得一提的是，每年 12 月份出现的双子座流星雨，其母体是小行星"法厄同"，这是唯一的一场非彗星母体的流星雨。

"法厄同"是已命名的小行星中最靠近太阳的行星，其轨道看起来更像彗星而不像小行星。天文学家们认为，这颗小行星可能是燃尽的彗星的"遗骸"，它造就的双子座流星雨被称为一年中最为稳定、最为绚丽的流星雨，其峰值可达每小时上百颗。

不过，最令人惊奇、最难以忘怀的当属仙女座流星雨。仙女座流星雨也被称作"比拉流星雨"，是由"比拉"彗星在运行中发生分裂乃至瓦解、崩溃而形成的。仙女座流星群是最著名的流星群之一，11 月中旬出现，20～23 日最多，它的辐射点在仙女座 γ 星附近。

比拉彗星是 1772 年 3 月 8 日由法国的蒙太谷发现的。1805 年 11 月 10 日，它第二次回归时，法国的庞斯又一次发现了它。1826 年 2 月 27 日，德国的怀赫姆·冯·比拉再次发现了这颗彗星，并且凭借着这次发现后该彗星被观测的天数长于前两次，比拉获得了这颗彗星的命名权。此后，它就被称为"比拉"彗星了。1832 年 9 月 24 日，在它回归的时候，赫歇尔又重新找到了它。

1846 年 1 月 13 日，马特卢·毛利报告说"比拉"彗星分裂成了两个。观测者们说，两颗彗核正在缓慢地分离。到这年 3 月份时，两颗彗核之间的距离已达到了 257 万千米。意大利观测者色齐在 1852 年 8 月 26 日观测到回归的"比拉"彗星，但直到 9 月 25 日才观测到分裂出来的那一颗彗星。这也是人们最后一次看到"比拉"彗星。

1872 年 10 月 6 日，"比拉"彗星经过轨道近日点。尽管天文学家们努力搜寻，却没有发现它的踪迹。11 月 27 日夜里，在欧洲和北美洲的许多地方都看到了一场盛大的流星雨，流星从仙女座向四周辐射出来，犹如一场经久不息的焰火，历时达 6 小时。从辐射点共辐射出大约 16 万颗流星，高峰时每小时就有数万颗。当时正是地球穿过"比拉"彗星轨道的时候，因此天文学家们认为"比拉"彗星已经瓦解了。组成彗星的小块和尘埃在瓦解过程中，一路散落在"比拉"彗星的椭圆轨道上，形成了仙女座流星雨。仙女座流星雨在 19 世纪仍每年可见，但现在变得微弱，几乎不可见。

陨铁

流星雨是来自太空的璀璨焰火，其形成的根本原因是彗星的破碎。大部分流星体在进入大气层后都会燃烧殆尽，只有少数大而坚实的流星体才能因燃烧未尽而有剩余固体物质降落到地面，这就是陨星，人们通常也称其为"陨石"。陨石中含有多种矿物岩石，如果其中的主要成分为铁元素，则被称为"陨铁"。近年来还发现陨石中存在有机物。

目前绝大多数天文学家认为，流星雨的质量都很小，在进入大气层后，大部分会在与空气的摩擦中燃烧掉，因而流星雨一般不会对生活在地面上的人造成直接危害，更不会影响人们的日常生活。然而，我们还是不能掉以轻心——地球上有许多陨石坑，它们是陨石撞击的产物。美国科幻片《绝世天劫》在"预防陨石袭击"这个话题上，为我们敲响了警钟：

一座太空空间站突然被摧毁，与地面失去了一切联系。美国太空总署的工作人员紧张而又焦急地检查着各种仪器，其中一人透过雷达显示屏发现有一大群不明物体向纽约飞去。

此时，繁华而忙碌的纽约市内没人知道灾难已然降临。一个黑人小伙子正与卖玩具的胖老板吵架，一个火球从天而降，正好在胖老板头上炸开，黑人小伙子也被冲击波掀起挂在大树上，惊惶地哭喊道："有炸弹，快报警!"其后，越来越多的火球向纽约飞来，市区街面顷刻间成为一片火海，人们四处逃窜。

位于休斯敦的太空总署很快得出了结论，这是一场大规模的陨石雨，破坏力极强。而不久他们发现，陨石雨只不过是前奏而已，太空望远镜传回的最新照片显示，一颗直径有德州大小的陨石正向地球飞来，18天后将撞击地球。

科学家们紧急磋商，寻求解决办法。太空总署负责人卡尔提出了唯一的解决办法，就是让飞船在陨石上着陆，并让专业人员在陨石上钻一个800米深的洞，放入核弹，炸碎它或是改变它的飞行轨道。

哈里被称作"最好的石油钻探工人"，他既是油田老板，也是最有经验的钻探师。在钻井最忙碌的时分，他发现手下最得力的青年工人艾吉正在与自己的宝贝女儿丽丝缠绵，不由得怒火中烧，拔枪相向。艾吉一边躲闪一边强调自己是真心爱着丽丝的，丽丝也跑过来央求父亲。正在三个人闹得不可开交的时候，几架直升机落在油田平台上，几名军人从直升机里跳出带走了哈里。

在太空总署，卡尔把一切向哈里和盘托出，并告诉哈里，陨石与地球一旦相撞，世界各国和地球万物将遭受毁灭性的打击，连细菌也不能幸免。就算陨石落入海中，掀起的滔天巨浪也足以吞没大半个世界，人类也会因撞击所产生的高温而死去。

哈里和艾吉一同接受了太空总署的训练，乘坐飞船进入了太空。飞船在俄罗斯空间站补充了燃料和水，一位俄罗斯宇航员也加入了拯救地球的行列。两艘飞船向既定的目标飞去。然而，在接近巨大陨石的过程中，他们遭受了陨石雨的袭击。风暴过后，他们沮丧地发现引爆核弹的遥控器失灵了，要想完成任务，唯一的办法就是留下一人用手按下引爆装置按钮。有人提议抽签来决定留下的人选。不幸的是，那根致命的签被艾吉抽到了，他自嘲地说："想不到我成了拯救地球的英雄。"又请哈里转告丽丝，自己永远爱她。

就在飞船即将飞离陨石的一瞬间，哈里猛地拉开舱门跳了出去，一把将艾吉推入飞船，并从外面关严了舱门，他隔着舱门对艾吉说："我一直把你当作儿子看待，替我照顾好丽丝。"

飞船远远地飞离了陨石。哈里通过卫星通信系统与女儿永诀之后按下了引爆按钮。全世界的人们都看到天空中出现了一道奇丽的光环，随即陨石被炸成两段，改变了飞行轨道，与地球擦肩而过。

这部经典的科幻灾难片除了歌颂拯救地球的英雄人物外，还不忘谆谆告诫人类：地球曾一度是恐龙的栖身之地，但一块天外巨石改变了一切，造成了地球上恐龙的灭绝。这事以前发生过，现在或将来也许还会发生。

所以，下次如果你再看见流星的话，先别忙着许愿，而是要诚恳地告诉它们：我们喜欢流星雨，可比起茫茫宇宙来说，人类太渺小、太脆弱，还承受不住巨大流星体的攻击。

15 太阳系外水晶天

◇ ....

在遥远的未来，宇航员乔舒亚结束了长时间的休眠，到西西里高原一带进行适应新环境的活动，他发现最近一次冰河期已使地貌改变了许多。这时他的妻子艾丽斯前来找他，告诉他远程探测器发现了一颗适宜人类移民的星球，并邀请他参加探险队。乔舒亚欣然应允，即刻跟随艾丽斯飞往建在冥卫上的探索外太空的基地。看着太阳系边缘光彩夺目的碎冰块，乔舒亚不禁想起了1万年前的事。

那时候，地球人刚刚开始进行星际航行，成千上万的男男女女登上了堪比诺亚方舟的飞船，准备进行星际移民。然而，第一艘到达太阳系边缘的飞船"探索者号"在穿越奥尔特云区时，与太阳系水晶天的内层相撞，使得水晶天破裂，地球也因此遭到了千亿颗彗星的袭击。而"探索者号"的这一撞，也揭开了困扰人们很多年的一个问题——为什么迄今为止我们没有发现外星人？因为我们的太阳系被包裹在水晶天当中。水晶天犹如一道屏障，将外星系的智慧生命隔绝在太阳系外。

经过两个多世纪的奋战，地球上的人类终于在对彗星的战斗中取得了决定性胜利，重新建造出星际飞船，开始了太空探索。宇航员们发现，每个拥有高级生命的类地行星都有水晶天保护。几艘飞船试图突破水晶天与外星文明交流，却都被看不见的水晶天毁灭了。几经考察和探索，地球人意识到调制的光束和无线电波，以及任何形态的智慧生物，都不能从外部穿越水晶天，只能徘徊于水晶天外，倾听从内部逃逸出来的来自另一个文明的无线电波。

无法与其他文明交流的绝望笼罩了地球人类，他们开始诅咒水晶天的存在，被称为"深层空间人"的宇航员大幅减少，到如今连乔舒亚在内只剩下了12人……

伴随着乔舒亚的回忆，探险队乘坐的"比林娜号"飞船接近了新发现的行星。这颗适宜地球人移民的星球名叫"雕塑家"，位于附近的小银河系。经过探测，飞船上的科学家们一致认为小银河系是个环境宜人的星系，可星系内空空如也，尽管动植物生机勃勃，却没有一种智慧生物。探险队在星系内的一颗行星上安顿下来，给这颗行星起名为"探索"，以纪念"探索者号"所完成的丰功伟绩。他们花了1年的时间，对这个星系进行勘探和调查，并开始着手改进从地球带来的植物，以使之融入这颗行星的生态环境。

在这同时，考古学家们也开始挖掘废墟，探索这个行星原住居民过去的生活。地球移民们了解到，原先在这儿的居民自称为"纳塔拉尔人"，长相与地球人很相似，双足、九指、外貌古怪。他们也撞破了自己星系的水晶天，并且经历了随后的彗星袭击。

在乔舒亚和艾丽斯的第一个孩子出生后不久，首席语言学家

加西亚·卡顿纳斯凭借一块新发掘出来的方尖碑，破解了纳塔拉尔人的秘密，这也是这个宇宙的一大秘密——为什么每个繁衍出智慧生命的星系外面都会包裹着一层水晶天。

原来，纳塔拉尔人也发现了水晶天只能从内部突破，但他们仍坚持不懈地寻找可移民的行星，以及宇宙间的智慧生命。某天，他们的远程探测器发现了 5 颗适合移民的星球，并找到了比他们更为古老的拉普克伦诺民族遗留下的文明痕迹，他们从中领悟到，此时此刻人类进军宇宙的目的是扩大移民地，但总有一天，人类生存的主要目的会改变，人们不再会执着地不断扩大生存空间，相反，将会越来越感到孤独。然而，在人类尚在追求尽可能多的移民星球时，不同星系间很可能会爆发战争，而水晶天的隔阻有效地保护了未能发展出星际航行技术的种族，给宇宙保存了更多的智慧生命。想通这一切的纳塔拉尔人集合整个种族，向黑洞进发，现今他们正在黑洞的视界里沉睡着……

这篇名为《水晶天》的短篇科幻小说是美国科幻作家大卫·布林的代表作。作者戴维·布林，1950 年 10 月 6 日出生于美国加利福尼亚州，他不仅是一位科幻小说家，还是一位物理学家，有着空间科学博士的头衔。作为一部荣获"雨果奖"的名作，《水晶天》不单在科幻构思上有其独到之处，在哲学方面的探讨也极具功力。

不过《水晶天》最为人称道之处，还在于大卫·布林对笼罩着太阳系的"水晶天"的设计——它如此明显地带有文化与哲学方面的象征色彩，所以无法将其看作是作者单纯地对自然的猜测或思考。

2013 年 9 月，美国的科学家们在确认"旅行者 1 号"探测器已经飞出太阳系之后终于确信，在太阳系边缘，至少在"旅行者 1 号"行经的路程内并不存在"水晶天"。因为已经飞出太阳系的"旅行者 1 号"并未撞到小说中提到的那层水晶外壳。既然这层由科幻小说家设计出来的太阳系屏障实际并不存在，那么"太阳系的边界究竟在哪里？"也就依然是一个难以准确回答的问题。通常说来，太阳系的边界其实就是太阳的作用可以波及的最远距离，但无论是以太阳风、太阳发出的光或太阳自身的引力作为衡量标准，都很难找到一个明确的界限。

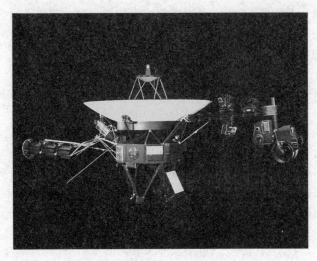

"旅行者 1 号"探测器

传统意义上的太阳系边界半径范围有几种：其一是以冥王星轨道为边界，半径约为 40 天文单位；其二是以柯伊伯带为边界，半径为 50 ~ 1 000 天文单位；其三是以奥尔特云为边界，该奥尔特云距离太阳约 50 000 ~ 100 000 天文单位，最大半径近 1 光年；第四种是以太阳风顶层为界，半径为 100 ~ 160 天文单位；而以理论计算得到的太阳系引力半径范围为 15 万 ~ 23 万天文单位。哈佛大学史密森天体物理研究中心的天文学家布莱恩·马斯登曾表示，不少天文学家认为"太阳系真正止步于海王星"，而冥王星只是一块较大的原始残骸。但法国尼斯天文台的天文学家布雷特·格莱德曼则说："当我检查我们的数据时，我认为并没有真正有关边界的证据。"

柯伊伯带最早是美籍天文学家柯伊伯为解释海王星的轨道变化而提出的一种假说。这一假说认为，在海王星轨道以外的太阳系边缘地带充满了微小冰封的物体，它们是原始太阳星云的残留物，也是短周期彗星的来源地。1992 年，人们找到了第一个柯伊伯带天体，它被命名为"1992QB1"，并被当成这类天体的原型。如今已有约 1 000 个柯伊伯带天体被发现，直径从数千米到上万千米不等，柯伊伯带的存在也因此得到了确认，并被形容为"位于太阳系的尽头"。近些年来发现的鸟神星、妊神星和创神星等，都被归为柯伊伯带天体。许多天文学家认为，由于冥王星的个头和柯伊伯带中的小行星大小相当，所以冥王星应该被排除在太阳系大行星之外，而归入柯伊伯带小行星的行列当中，冥王星的卫星则应被视作其伴星。

有关柯伊伯带的形成，之前提出过的几个理论都存在明显的不足。最新出台的理论认为，柯伊伯带天体是在距离太阳更近的位置成形后，又被海王星一个个甩出去的。不过，大多数天文学家都认为，柯伊伯带包含有许多微星，它们是来自环绕着太阳的原行星盘碎片，因为未能成功地结合成行星，因而形成较小的天体。

除了柯伊伯带以外，另一个"彗星基地"也被当作太阳系的边界，这就是"奥尔特云"。这一名称源自荷兰天文学家奥尔特提出的一个假说：在冥王星轨道外面存在着一个硕大无比的"冰库"，或说是一个巨大的"云团"，它一直延伸到离太阳约 22 亿千米远的地方，太阳系里所有的彗星都来自这个云团。由于 1932 年欧匹克也曾提出过类似观点，所以奥尔特云也被称为"奥尔特—欧匹克云"。天文学家普遍认为奥尔特云是 50 亿年前形成太阳及其行星的星云残余物质，包围着整个太阳系。

从这一假说提出直至今日，只有编号为"90377 号"的小行星被认为可能是奥尔特云的天体，因为其轨道介于 76 ~ 850 天文单位之间，比预计的轨道接近太阳，有可能来自奥尔特云的内层。但是，从观测得出的彗星轨道推断，不少彗星都是从奥尔特云进入内太阳系的，这些彗星的轨道半径均为 3 万 ~ 10 万天文单位。

关于奥尔特云形成的假说，人们广为接受的是：组成奥尔特云的天体其实是在比柯伊伯带更接近太阳的地区形成的，与其他行星及小行星相似，但是由于它们经常被大行星的引力影响，诸如木星等天体的强大引力将它逐出太阳系内部，使它们拥有椭圆或抛物线状的轨道，散布于太阳系的最外层。同时，这个过程也使得它们的轨道偏离黄道面，并使其组成的奥尔特云呈球状形态。科学家们认为，太阳外的其他恒星也会有自己的奥尔特云存在。如果两颗恒星的距离较近，它们的奥尔特云会出现重叠，导致围绕一颗恒星公转的彗星进入另一个恒星系的内部。

美国宇航局确认"旅行者1号"已飞出太阳系，所用的衡量标准是日球层顶。太阳和太阳风影响的区域叫作"日球层"。日球层顶，也称为太阳风层顶，是天文学中表示出自太阳的太阳风遭遇到星际介质而停滞的边界。星际介质是恒星之间的区域含有的大量弥散气体云和微小固态粒子。太阳风在星际介质内吹出的气泡被称为"太阳圈"，其气泡的边界通常被称为"日球层顶"，并且被认为是太阳系的外层边界。由于日球层内外压力不同，所以日球层存在类似于磁层的结构。"旅行者1号"的这趟行程也使得人们确切地知道，日球层顶半径为120天文单位，厚度为0.5天文单位。单就这两个数据看，日球层顶倒是跟"水晶天"颇有相似之处。

那么，来自地球的宇宙飞船飞出太阳系之后会遇到什么？科幻作家们也给出了不少猜测。在描写无人飞船遭遇的作品里，《星际旅行》的第一集《星球历险记》极具代表性。在这部电影中，美国于20世纪中叶发射的"旅行者6号"飞船在飞出太阳系后，孤独地流浪了300多年，了解到许多关于宇宙的知识，并进化成为巨大的生命体，自名"威奇"。威奇欲飞返太阳系寻找其制造者，多亏"进取号"飞船的全体船员通力合作，以及代理船长麦克的勇于献身，才制止了地球被威奇攻击的灾难。

比起无人飞船，载人飞船的遭遇更为惨烈，也更为扑朔迷离，但看起来似乎殃及地球的可能性稍微小一些。《界面惊魂》就是这类影片的代表。

《界面惊魂》是20世纪90年代末进入中国市场的影片，最初译为《撕裂地平线》《黑洞表面》等。影片开篇即讲述了有史以来最严重的太空灾难的发生，即人类于2040年发射的载人宇航器"新领域号"在掠过海王星表面之后彻底失踪。7年后"新领域号"再度出现在海王星上空某区域……故事由此展开：2047年，"新领域号"的设计和制造者比利·韦尔博士接到美国太空指挥总署的通知，登上"侠侣号"宇宙飞船前去调查"新领域号"上发生的情况。在经历了一系列凶险之后，"侠侣号"的船员们终于登上"新领域号"，并破译了已经遇难的"新领域号"船员留下的遗言：
"拯救你们自己，脱离地狱。"韦尔向大家解释了"新领域号"引
力推进器的原理："新领域号"采用挡磁场，把引力束集中起来，
使时空弯曲折叠，从而产生一个奇点，以此打开一条时空通道。然
而韦尔和船员们发现，在穿越了黑洞之后，"新领域号"已进化为
一种极端残忍的智慧生命，可以操纵船上的船员去杀害同伴。最后
"侠侣号"的船长不得不把"新领域号"炸掉，以掩护另外三位同
伴逃回地球。事实上，这部科幻电影在不少情节的设置上，借鉴了
传说中的"费城实验"里的细节，是一部指控人类盲目进行新技术
实验的作品。

　　宇宙飞船或探测器在飞出太阳系后真能进化成为智慧生命吗？
以我们目前掌握的知识来判断，我们只能说"无法确定"。不过，
可以确定的是，我们不能总是生活在太阳系这个大摇篮里，只有冲
破太阳系边缘的那层"水晶天"，才能真正迈向太空，迈向人类的
未来。

16 超级能量大爆发

◇ ·······

　　布鲁斯·班纳从小孤苦无依，长大后他成为美国伯克利一所建在沙漠里的实验室的科学家，专职从事生物学的研究工作。他的同事贝蒂是罗斯将军的女儿，二人在工作中产生了感情，成为恋人。虽然事业还算顺利，与女友也相处得不错，但布鲁斯总觉得生活不那么美满——他始终记不起从前发生了什么。在一次试验中，同事哈波发现伽马射线装置出了问题，布鲁斯进入发射通道查看，正在此时伽马射线被以最高射线量发射，布鲁斯暴露在致命的伽马射线之下。然而，这次意外事故却唤醒了布鲁斯体内的神秘力量，从此之后，每当他情绪激动，异常愤怒时，就会失去自我意识，变身成"绿巨人"，并且同时具有超强的破坏力和抗拒意志。

　　自从布鲁斯发生事故后，一位神秘人就出现在他的身边。原来这个神秘人就是布鲁斯的父亲大卫·班纳，他曾是美军的科研专家，希望通过改造人类的基因来获得超级战士。在用自己的身体做过试验后，大卫·班纳和妻子艾迪丝生下了布鲁斯。当他发现布鲁斯遗传了他的非正常基因后，曾想要杀死他，却在争执中失手杀死了妻子，这就是布鲁斯始终无法记起的往事。大卫知道有人想利用布鲁斯的力量谋取暴利，而美国军方却想要彻底摧毁绿巨人。为了保护儿子，大卫用伽马射线照射自己，获得了融入任何物体的能力。

绿巨人浩克

　　妄想取得绿巨人的细胞做分析的盖伦希望激怒布鲁斯，使他变成绿巨人，但这一过程却无意中唤醒了布鲁斯的幼年记忆。布鲁斯变身为绿巨人，在美军地下基地里横冲直撞。大卫进入基地与儿子谈话，之后毁坏了军方的设施，自己也死于军方的伽马弹。绿巨人逃进了沙漠中……

　　"绿巨人浩克"是美国漫画大师斯坦·李及漫画家杰克·柯比创造出来的超级英雄，最早于 1962 年在漫画中登场，后来这一系列科幻漫画被改编为电视剧。2003 年，知名华人导演李安执导了《绿巨人浩克》这部影片，并获得了极大的成功。

　　故事中，使班纳变身为绿巨人的"药引"是伽马射线，又称为伽马粒子流，是原子核能级跃迁时释放出的射线，属于波长短于 0.2 埃的电磁波。伽马射线比 X 射线能量还要高，有很强的穿透力，在工业中可用于探伤或流水线的自动控制。由于伽马射线对细胞有较强的杀伤力，故而在医疗上被用来治疗肿瘤。

　　在天文学界，伽马射线爆发被称作"伽马射线暴"，缩写为 GRB，是来自宇宙中某一方向的伽马射线强度在短时间内突然增强，随后又迅速减弱的现象，持续时间在 0.1 ~ 1 000 秒，辐射主要集中在 0.1 ~ 100 兆电子伏的能段。

　　伽马射线暴最早发现于 1967 年。当时，美国军方发射了"薇拉"人造卫星，用于探测核闪光（核爆炸的光辐射）。然而，"薇拉"人造卫星没有识别出核闪光，却发现了来自太空的强烈射线爆发。这一发现最初在五角大楼引起了一阵惶恐，美国政府怀疑这是苏联在太空中测试了一种新的核武器引起的。后来人们发现，这种现象是随机发生的，并且来源不是地球，而是宇宙空间，美国高层这才稍稍放下心来。

由于军事保密等因素，"薇拉"人造卫星的这一发现直到 1973 年才对外公布。天文学家们对伽马射线暴这种现象感到十分困惑：伽马射线暴持续的时间很短，而且亮度变化也是复杂而无规律的。但它所放出的能量却十分巨大，在若干秒内放射出的伽马射线能量相当于几百个太阳在其一生中所放出的总能量，甚至可以和宇宙大爆炸相提并论，可说是超级能量的大爆发。

在太空中产生的伽马射线多由恒星核心的核聚变产生，因为无法穿透地球大气层，因此无法到达地球的低层大气层，只能在太空中被探测到。

伽马射线暴可以分为两种截然不同的类型，时间短于 2 秒的为"短暴"，长于 2 秒的为"长暴"。长久以来，天文学家们一直怀疑它们是由两种不同的原因产生的。

至今人们已经观测到了 2 000 多个伽马射线暴。长暴被普遍认为是"超新星的类似物"，标志着 50 ~ 100 倍于太阳的恒星的毁灭性爆发。当这样一颗庞大的恒星爆炸时，它会留下一个黑洞，并将这一信息以伽马射线的形式扫过宇宙。1998 年发现的伽马射线暴"GRB 980425"与一个超新星"SN Ib/Ic 1998bw"相关联。这是一个重要的发现，暗示了伽马射线暴的成因可能是大质量恒星的死亡。2002 年，英国的一个研究小组研究了由"XMM—牛顿"卫星对 2001 年 12 月的一次伽马射线暴的长达 270 秒的 X 射线余晖的观测资料，发现了伽马射线暴与超新星有关的证据，并发表在当年的《自然》杂志上。进一步研究发现，普通的超新星爆发有可能在几周到几个月之内导致伽马射线暴。

短暴则更让人迷惑，它们的起落时间非常短，因而不会是超新星爆发形成的。许多研究者认为，它们是由两颗超致密的中子星（一种介于恒星和黑洞的星体，密度非常大），或者是一颗中子星与黑洞（一种引力场非常强的天体，就连光也不能逃脱）碰撞产生的。自 2011 年以来，"雨燕"太空望远镜每年可以捕捉到 10 次短暴，为天文学家们的研究提供了非常宝贵的资料来源。如今天文学家们认为，存在两种不同的伽马射线暴，其原因可能与爆发恒星不同的磁场特性有关。

伽马射线暴

伽马射线暴过后会在其他波段观测到辐射，称为伽马射线暴的"余晖"。根据波段不同可分为 X 射线余晖、光学余晖、射电余晖等。余晖通常是随时间而呈指数式衰减的，X 射线余晖能够持续几个星期，光学余晖和射电余晖能够持续几个月到一年。

为了探究伽马射线暴的成因，两位天文学家展开了一场大辩论。

20 世纪 70 ~ 80 年代，人们普遍相信伽马射线暴是发生在银河系内的现象，推测它与中子星表面的物理过程有关。然而，波兰裔美国天文学家玻丹·帕琴斯基却独树一帜，他在 20 世纪 80 年代中期提出：伽马射线暴是位于宇宙学距离上，和类星体一样遥远的天体。简言之就是，伽马射线暴发生在银河系之外。但是他的理论并未引起天文学界的重视。

　　几年之后，美国的"康普顿"伽马射线天文台发射升空，对伽马射线暴进行了全面的监视。几年观测下来，科学家们发现伽马射线暴出现在天空的各个方向上，而这与星系或类星体的分布很相似，与银河系内天体的分布完全不一样。于是，人们开始认真看待帕琴斯基的观点。

　　可另一位天文学家拉姆并不认可"伽马射线暴可能是银河系外的遥远天体引起的"这一观点，并于 1995 年开始与帕琴斯基展开了一场旷日持久的辩论。1997 年，意大利发射了一颗高能天文卫星，能够快速而精确地测定出伽马射线暴的位置，而后用地面上的光学望远镜和射电望远镜进行后续观测。天文学家们首先成功地发现了 1997 年 2 月 28 日伽马射线暴的光学对映体，这种光学对映体被称为伽马射线暴的光学余晖，接着看到了所对应的星系，这就充分证明了帕琴斯基的观点。这场持续了两年的辩论以帕琴斯基获胜而结束。

　　美国宇航局最新研究显示，地球曾被 50 万光年之遥的大型耀斑瞬间照射，这种强大的能量脉冲束照亮了地球大气层。这一脉冲束来自银河系对面的一颗中子星。中子星也被称为"软伽马射线中继器"，通常喷射低能量的伽马射线，但有时其磁场重新排列时会释放出巨大的能量束。这种能量束可穿越太空，导致大量人造卫星出现故障，并使地球顶端大气层电离化。据美国宇航局称，这种独特的伽马射线束非常强烈，比满月还要明亮，甚至比勘测到的太阳系外的任何天体都要明亮。

　　这一令人难以置信的伽马射线喷发发生于 2004 年 12 月 27 日，是由中子星"SGR 1806－20"释放的脉冲束。美国洛斯－阿拉莫斯国家实验室的大卫－帕默博士说："这可能是天文学家一生中难得一见的天文现象，同时也是一种非常罕见的中子星事件。在过去 35 年里，我们仅探测到其他两次太阳系外大型耀斑喷射事件，而中子星'SGR 1806－20'释放的伽马射线束的强度是前者的数百倍。"该伽马射线能量束并不会对地球构成威胁，这是由于中子星"SGR 1806－20"距离地球非常遥远，但如果中子星距离地球较近的话，辐射威力将足以摧毁臭氧层，这会对地球上的生命造成毁灭性的影响。

天文学家们认为，宇宙中存在大量的中子星，位于银河系内的中子星能量相对较低，因而银河系内的中子星"制造"的伽马射线暴对地球来说影响不大。但是，许多人仍对此很不放心。一些古生物学家认为，伽马射线暴是造成奥陶纪晚期生物大灭绝的元凶。

古生物学证据显示，在4.4亿年前的奥陶纪，曾有过一次生物大灭绝，史称"奥陶纪生物大灭绝"。在生物进化史上五次最严重的大灭绝中排名第二。过去人们多将其归因于突然而至的冰河期，因为冰河时代的出现往往是在一个温暖的时期，气候突然发生巨大变化，地球上的生物对这种突然的变化一时难以适应，大批生物因此而灭亡。但科学家们却无法解释是什么引发了冰河时代。大陆漂移经常会引发气候剧变，但这是一个长期的过程，不可能在很短时间内灭绝大批生物。不过由伽马射线暴引发的二氧化氮层可以有效地阻挡住太阳光，从而引发气候的巨变。

在研究了4.4亿年前的三叶虫化石后，有科学家得出了结论：伽马射线暴确实是导致史前那场浩劫的罪魁祸首。他们发现，三叶虫灭绝时的形态模式，与伽马射线暴所造成的后果十分相似。堪萨斯州大学天体物理学家梅洛特指出，天文学家迄今探测到的伽马射线暴都来自遥远的星系，到达地球表面时是无害的。但如果伽马射线暴就发生在我们的星系内，并直接冲向地球，那么后果将不堪设想。在那种情况下，地球大气层会吸收绝大部分伽马射线，高能射线会撕裂氮气和氧气分子，形成大量的氮氧化物，特别是有毒的棕色气体二氧化氮。这些二氧化氮会遮挡住一半以上的太阳光线，使其无法到达地球表面，使植物难以进行光合作用，动物无法采光保暖，地球也将突然进入冰河期。同时，二氧化氮还会破坏臭氧层，使地球表面生物长期受到过量紫外线的照射，从而导致地球生物的灭绝。

这些科学家们还指出，伽马射线暴每隔500万年左右就会对地球生物造成一次致命的伤害。如此计算，从地球上有生命诞生以来，伽马射线暴至少给地球生命带来了1 000次的灾难性伤害。但因为没有留下明显的痕迹，所以我们对这些远去的伤痛知之甚少。

三叶虫化石

　　虽然这些科学家们的话尚未完全得到证实，但对于伽马射线暴我们不能不加以防范，尤其是考虑到以后将往地外行星移民的时候。例如，火星的磁场极其微弱，大气层又极为稀薄，无法有效地阻挡伽马射线暴的进攻。而伽马射线极易造成生物体细胞内的 DNA 断裂，进而引起细胞突变，引发多种疾病，这对移民们可谓是重大威胁——特别是，考虑到我们并没有大卫·班纳的基因改造秘方，暂时没法把移民们变成绿巨人。

　　天文学家们在研究伽马射线暴时，除了惦记着我们的将来，还想到了宇宙的过去。他们知道，一旦大质量恒星的核燃料用尽，坍缩成一个黑洞或中子星，恒星在死亡时排出的气体外壳，会喷发出气体喷流，这时典型的伽马射线暴就发生了。最新的观测揭示，伽马暴发生在宇宙 6 亿 3 千万岁的时候，这一观测结果直接证实了，在"婴儿"宇宙中活跃着爆发的恒星和新诞生的黑洞。

　　伽马射线暴是伽马射线天文学研究对象中，最引人注目的现象。探测伽马谱线是了解高能天体上各种放射性元素组成的重要途径，对宇宙学的研究有很重要的意义。例如，通过对伽马射线的研究，天文学家们终于找到了最近一段时期银河系亮度大幅度减弱的一种可信的解答——

　　最重要的线索出现于 2010 年。11 月 10 日这天，美国天文学家宣布，他们发现银河系中央分离出两个巨大的"气泡"，这些由伽马射线"气泡"形成的巨大空间总跨度达 5 万光年，一个"气泡"的跨度约 2.5 万光年。经研究，天文学家们得出如下结论：黑洞也是伽马射线的一个"大型生产厂家"，这些"气泡"是银河系中心隐藏的超大质量黑洞在吞噬了大质量物质后打的一个"饱嗝"。而被黑洞吞噬的物质，源自存在于其势力范围内的星云。由于黑洞的贪婪掠夺，星云在失去大量星际物质后，无法孕育恒星，导致银河系中心部位应有的恒星数量大幅减少，银河系因而变得黯淡。

微信扫码
探索宇宙奥秘
☆ 知 识 科 普
☆ 故 事 畅 听
☆ 观 测 指 南

17　　　　　　　　　　　　　　　鉴别恒星的指纹

◇ ⋯⋯⋯⋯⋯⋯

　　诺柏·霍比和他的堂兄弟华科都在他叔父约翰·霍比的公司里担任要职。约翰·霍比是一位贵重金属炼制商和交易商，在他的公司里有一只巨大的保险柜，用来存放贵重物品。某天，一位南非的客户寄给霍比先生一些未加工的钻石包裹，让他寄存在银行或把它们转交给其他钻石代理商。由于银行已经下班，霍比便将这些未加工的钻石锁进了保险柜。谁知第二天大家发现钻石被窃，保险柜没有一点被破坏的痕迹。人们在保险柜的底部发现了两滴血，还有一张沾有血迹的纸，纸上有一个十分清楚的血拇指印。

　　警方将那张纸带走，交给指纹部门的专家进行鉴定，结果发现上面的那个指印与他们以往搜集的所有罪犯的指印都不相符，最后查明，这个血指印来自诺柏·霍比的拇指。诺柏的律师鲁克建议他认罪，诺柏却坚持自己是无辜的。鲁克无奈，只得陪同诺柏来到著名律师兼医生桑戴克家，向桑戴克求助。

　　桑戴克当场采集了诺柏的指纹，并于第二天一早与警方掌握的血指印进行了比对，同时他也获知了一些诡异的情况：在窃案发生前几天，华科送给约翰·霍比太太一套叫作"指纹模"的玩具，那是一个空白的、很薄的像本子一样的东西，用来搜集身边朋友的指印，另外还有一个墨板。霍比太太用这个玩具搜集了亲朋好友的指纹，其中包括他两个侄子的指纹。警方正是使用了霍比太太搜集的指纹，才证实是诺柏犯下了盗窃罪。在案件保释期调查会召开前，另一条线索也浮出了水面：华科透露说约翰·霍比在财务方面出了一些状况，而丢失的钻石价值超过了两万英镑。

桑戴克发现失窃现场留下的指纹有一条 S 形的空白，认为这或许会是案件的转折点和突破口。于是，他和搭档里维斯深入霍比家族进一步取证，随着他们的调查，真相逐渐被揭开。在法庭上，桑戴克根据取得的证据，剖析了案情的真相……

《红拇指印》是英国著名推理作家理查德·奥斯汀·弗里曼的推理处女作，出版于 1907 年。在这部作品中，弗里曼塑造了一个经典的"科学侦探"的形象，从此之后，"科学侦探"约翰·艾德林·桑戴克医师以其严谨的科学态度和细腻的逻辑分析为人熟知。

血拇指印是《红拇指印》中至关重要的线索。事实上，自从英国学者弗朗西斯·高尔顿最终确定指纹能绝对准确地鉴别一个人，并于 1888 年参与伦敦的系列谋杀案侦破过程后，指纹鉴定就成为犯罪侦察学的重要课题之一。目前，指纹鉴定仍是各国警方用以识别罪犯的最普遍的方法。

指纹被认为是区分不同人的可靠手段，奇妙的是，通过鉴别原子的指纹，能够知道距离遥远的恒星的物理情况和化学组成，创造这个奇迹的仪器，就是分光镜。

1859 年，德国实验化学家罗伯特·威廉·本生和物理学教授基尔霍夫共同发明了分光镜。这件堪称神奇的小工具，使人们了解了太阳的光谱，发现了新的太阳元素，并能够测定遥远天体的化学组成。

罗伯特·威廉·本生出身于德国哥廷根的一个书香门第家庭。父亲查里斯恩·本生是哥廷根大学图书馆馆长、语言学教授，母亲也有很好的文化素养，在家里的 4 个兄弟中，本生排行第四。他从小受到良好的教育，对科学有着广泛的兴趣，在大学期间学习了化学、物理学、矿物学和数学等课程，早期研究过有机化学，但后来又专攻了无机化学。本生一生做的最重要的工作就是进行无机分析，本生灯是他最杰出的发明。此外，他还制成了本生电池、水量热计、蒸气量热计、滤泵和热电堆等实验仪器。

　　著名的本生灯发明于 1853 年，它是一种新式的煤气灯，使煤气燃烧时产生几乎无色的火焰，而且可以很方便地调节火焰的大小和温度，燃烧得最好的时候温度能达到 2 300℃。不同成分的化学物质在本生灯上灼烧时会出现不同的焰色，而本生灯产生的火焰几乎是无色的，这使本生发现了各种化学物质的焰色反应。他发现，钾盐灼烧时为紫色，钠盐为黄色，锶盐为洋红色，钡盐为黄绿色，铜盐为蓝绿色。于是他开始研究各种物质在灯上灼烧时火焰的颜色会发生什么变化，并试图根据火焰颜色来区分物质中包含哪一种元素。但后来本生发现，仅凭肉眼观察焰色反应来鉴别元素是十分困难的，因为在复杂物质中各种颜色互相掩盖，使人无法辨别，特别是钠的黄色，几乎把所有物质的焰色都掩盖了。本生又试着用滤光镜把各种颜色分开，效果虽然比单纯用肉眼观察好一些，但仍不理想。

　　为了区分火焰的颜色，本生想了很多种方法，实验进行了一年多，但还是失败了。这个时候，本生的好朋友，年轻的物理学教授基尔霍夫听他谈起这个实验，给他提了个好建议：不要直接观察火焰的颜色，而是去观察火焰的光谱，这样就可以把各种颜色清楚地区分开了。

　　我们都知道，阳光看起来是白色的，但其实它是由许多种颜色的光组成的，所以阳光被称作"复色光"。复色光可以用三棱镜之类的仪器分开，得到单色光。这些单色光，如红光、蓝光等，按照波长大小——也就是按能量振荡频率的高低——依次排列就是"光谱"。

　　观察火焰的光谱与观察火焰的颜色相比要容易得多，因此本生兴奋地接受了基尔霍夫的建议，并邀请他参加自己的实验。他们一起制订了合作研究方案。

　　在此之前，德国的光学专家方和斐重复过牛顿分解阳光的实验，并对这一实验做了不少改进。为了能更清楚地观察阳光的光谱，他用凸透镜做了一个窥管。此外，他还曾详细研究过各种灯光的光谱。基尔霍夫非常了解方和斐的研究，而且他手里还保存着方和斐亲手磨制的石英三棱镜。基尔霍夫带着这个宝贝三棱镜来到了本生的实验室，同时还带来了一些零碎，包括一个锯成两截的直筒望远镜、一个雪茄烟盒，以及一片开了一道狭缝的圆铁片。

三棱镜

基尔霍夫在雪茄烟盒内糊上了一层黑纸，然后在烟盒上开了两个洞，把三棱镜安装在烟盒中间，使烟盒的两个洞分别对准三棱镜的两个面。他在一个洞上安装了望远镜的目镜，做成方和斐的窥管，把望远镜的另外半截装在另一个洞上，物镜在雪茄烟盒内，正对着三棱镜。再把那片开有细缝的圆铁片盖在望远镜朝外的筒口"平行光管"上。基尔霍夫把这些都固定好，盖上烟盒，世界上第一台分光镜就这样装配好了。

就是利用这台简陋的分光镜，本生和基尔霍夫对不同元素的光谱做了详细的研究。他们在一种矿泉水中发现了新元素铯，在一种云母矿中发现了另一种新元素铷，并总结出光谱分析的两条基本原则：一是每一种元素当充分激发成气体状态时，都会产生自己特有的光谱；二是一种元素可以根据蒸气产生的光谱线而推知其存在性。

本生和基尔霍夫还使用分光镜证明了太阳上有氢、钠、铁、钙、镍等元素。1859 年 10 月 20 日，基尔霍夫向柏林科学院报告了他的发现。利用光谱分析的方法分析各种物质的组成，寻找新的元素，一时成了科学界的时尚。实用光谱学也就是从这个时候建立起来的。

光是一种电磁波，它是由原子内部运动的电子产生的。不同的物质，原子内部电子的运动情况不同，所以它们发射的光波或者吸收光波的情况也不相同。每种原子都有专属于自己的独特光谱，这种光谱就相当于原子的"指纹"。我们每个人的指纹都和别人的不一样，同样的道理，原子的光谱也各不相同，它们按一定规律形成若干光谱线系。原子光谱线系的性质与原子结构是紧密相连的，是研究原子结构的重要依据。把某种物质所生成的明线光谱和已知元素的标识谱线进行比较，就可以知道这种物质是由哪些元素组成的。例如，通过分析极光的光谱，我们知道极光发生地有氧、氮、氩等元素，因为氧被激发后会发出绿光和红光，氮被激发后会发出紫色的光，氩被激发后则发出蓝色的光。可以说，就是由于有这些元素的存在，极光才能那么绚丽多彩，变幻无穷。

根据光谱来鉴别物质以及确定物体的化学组成，这种方法叫作"光谱分析"。光谱分析具有极高的灵敏度和准确度。用光谱不仅能定性分析物质的化学成分，而且还能确定元素含量的多少。

分光镜的发明以及实用光谱学的建立，使得光学研究进入了一个新的纪元，同时也带动了其他学科的进步，而天文学可能是受惠最多的一门学科。

在分光镜发明以前，人们想要了解恒星的物理情况和化学组成几乎是件不可能的事。而仅仅依靠天文望远镜来研究，所得到的信

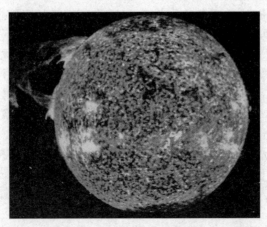

日珥现象

息又非常有限，因此很多人对了解恒星的构成一事已感到绝望。法国哲学家奥古斯特·孔德就曾下过这样的断言："恒星的化学组成是人类绝对不能得到的知识。"但是只过了 30 多年，分光镜就打破了孔德的断言，在天文学领域创造了奇迹。

人们对恒星成分的了解，是从太阳起步的。首先是本生和基尔霍夫通过分析太阳的光谱，证明了这颗距离我们最近的恒星含有氢、钠、铁、钙、镍等元素。之后，法国天文学家皮埃尔·詹森利用日全食的机会观测了日珥（太阳表面喷出的炽热的气流），发现太阳中有一道黄色的谱线。时隔两个月，英国天文学家约瑟夫·诺尔曼·洛克耶（《自然》杂志的创始人）也发现了这条谱线。科学家们经过查对发现，这条谱线属于一种未知的新元素。由于这种新元素最初是在太阳上找到的，于是洛克耶把这种新的元素命名为"氦"，在希腊文里就是"太阳"的意思。后来，英国的洛基尔在地球上也找到了氦。

"太阳元素"氦的发现使天文学家们认识到，可以通过分析恒星的光谱来研究恒星的化学成分。和太阳的光谱一样，恒星的光谱除了有彩色的连续光谱之外，还有代表组成恒星的各种元素的线状光谱。把恒星的谱线和在地球实验室中所获知的各种物质的谱线相比较，就可以确定恒星上有什么化学成分。谱线的强度不仅与元素的含量有关，还与恒星大气的温度、压力有关。每颗恒星光谱的谱线数目、分布和强度等情况都是不一样的，这些特征包含着恒星的许多理化信息，因此恒星的光谱又被称作恒星的"指纹"。

随着恒星光谱分析研究工作的推进，人们相继提出了怎样对恒星光谱进行分类的问题。19 世纪末创立的分类法将恒星的光谱由 A 至 P 分为 16 种，是目前使用的光谱的起源。

恒星光谱的研究内容非常广泛，从观测角度来看，主要有三条途径：一是认证谱线和确定元素的丰度；二是测量多普勒效应（波源和观察者有相对运动时，观察者接收到的波的频率与波源发出的频率并不相同的现象）引起的谱线位移和变宽，由此来研究天体的运动状态和谱线生成区；三是测量恒星光谱中能量随波长的变化，包括连续谱能量分布、谱线轮廓和等值宽度等。

通过对恒星光谱的观测和分析研究，人们了解到了恒星表面大气层的温度、压力、密度、化学成分，以及恒星的质量、体积、自转运动、距离和空间运动等一系列理化性质。毫不夸张地说，迄今关于恒星本质的知识几乎都是从光谱研究中获得的。

将光学的成就和知识应用于天文学，使得天文学产生了一个新的分支——天体物理学，而天文学也从此进入了一个新的时代。

微信扫码
探索宇宙奥秘
☆ 知 识 科 普
☆ 故 事 畅 听
☆ 观 测 指 南

18　　　　　　　　　　銀河系的真面貌

◇ ┄┄┄┄┄┄┄┄┄

　　在西晋文学家张华所撰写的《博物志》里，记载着这样一个故事：天上的银河与地上的大海相通，常有一些海岛居民在八月的时候乘船来往于大海与银河之间。有个人知道了这件事后，立下很大的志向，要乘船到银河的尽头去看一看。他在船上建造了用以瞭望的阁楼，并准备了许多干粮，然后乘着船漂流而去，到了一个陌生的地方。这地方像是一座繁华的城市，房屋鳞次栉比，宫殿里有许多女子在忙着织布，岛边有个男子牵着头牛，边走边饮牛。游客问男子这儿是什么地方，牵牛的男子告诉他："你回去后，到蜀地问严君平先生自然就知道了。"后来这名游客果然去拜访了严君平。严君平算了算日期，笑着说：原来某年某月某日客星犯牵牛就是这回事啊。

　　严君平是西汉著名的道家学者、思想家，传说他精通天文，擅长占卜和星占，名声很大。但他终生不肯为官，以卜筮和讲授《易经》及老子之学为生，50 岁后归隐于郫县平乐山，一边著书，一边授徒，著名的文学家扬雄就是他的弟子。严君平在平乐山生活了40 多年，在此山上写出了"王莽服诛，光武中兴"的预言，提前20 多年预测了"王莽篡权"和"光武中兴"两个重要的历史事件。严君平 91 岁时逝世，葬于平乐山。他的作品对西晋文人影响很大，且因他长于星占，所以张华在《博物志》里借他的口说出"客星犯牵牛"一事，来证实"银河通大海"。客星在古代实际上代指的就是现在的新星、超新星或彗星，和有没有人去访问牛郎星没有什么关系。

　　世界各地都有着关于银河的传说：中国古代的民间故事中，常把银河形容成"天上的河"，并认为它与大海相通，也有传说认为它与汉水相通。无独有偶，印度人也认为银河是条河，他们称其为"天上的恒河"。在我国流传极广的关于牛郎和织女的传说里，银河是王母娘娘用一支金簪划出来的。希腊神话对银河的来历有着与中国不同的解释：传说宙斯爱上了凡人女子阿尔克墨涅，并与她生下儿子赫拉克勒斯。宙斯非常钟爱这个儿子，希望他能够长生不老，因此欺骗神后赫拉喂这个孩子吃奶，不想赫拉克勒斯的力量太大了，吮吸出来的奶飞溅到空中，就变成了银河。而在亚美尼亚神话中，银河被称为"麦秆贼之路"，据说是一位神祇偷窃了麦秆之后，企图用一辆木制的运货车载着这些麦秆逃离天堂，在路途中他掉落的一些麦秆变成了银河。某些美洲的印第安人把银河视为勇敢的战士们死后进入天堂的路径，路边明亮的恒星则是死者在途中休息时点燃的营火。而芬兰人早就注意到，候鸟在向南方迁徙时是靠着银河来指引方向的，因此他们把银河称作"鸟的小径"，并认为银河才是鸟真正的居所。现在，科学家已经证实了，候鸟确实在依靠银河来做引导，在冬天才能飞到温暖的南方居住……

　　现今我们已经知道，银河系是一个由 2 000 多亿颗恒星、数千个星团和星云组成的盘状恒星系统，其直径约为 10 万光年，中心厚度约为 1.2 万光年，总质量是太阳的 1 400 亿倍。太阳系属于这个庞大家族的成员之一，位于距离银河系中心大约 2.6 万光年处，绕银河系中心运行一周大约需要 2.3 亿个地球年的时间。

　　过去人们认为，银河系是一个旋涡星系，具有旋涡结构，即有一个银心和四个旋臂，旋臂相距 4 500 光年。太阳位于银河系一个支臂（猎户臂）上，至银河系中心的距离大约是 2.6 万光年。但最新的观测和研究结果显示，银河系是一个由 1 000 亿～4 000 亿颗恒星、数千个星团和星云组成的棒旋星系系统，侧看像一个中心略鼓的大圆盘，俯视呈旋涡状。20世纪50年代射电天文学诞生后，人们勾画出银河系的旋涡结构，发现银河系有4条旋臂，分别是矩尺、人马—盾牌、半人马与英仙旋臂，太阳系介于半人马与英仙的次旋臂——猎户臂中，正处于科学家们常说的"银河生命带"中。但根据2008年美国天文学家提供的最新消息，银河系其实只有两个主旋臂，另外的两个尚未发育成形。

科学家们发现银河系经历了漫长的过程。早在公元前5世纪，古希腊的哲学家德谟克利特就提出一个极为正确的观点：银河是由无数恒星构成的，只不过因为这些恒星太暗了，无法区别开来。之后，在天文望远镜发明以后，伽利略率先使用望远镜进行观测，证实了德谟克利特的猜想。其后，德国哲学家康德指出，银河是由恒星组成的盘状物。但是天文学家们对这一说法置若罔闻。直到1785年，康德的观点才由赫歇尔经由恒星计数而证实。

旋涡星系

1926年哈勃提出星系形态分类法。按照这种分类方法，星系可分为椭圆星系、螺旋星系、透镜星系和不规则星系，这一分类法叫作"哈勃序列"，由于它的图形表示法很像音叉的形状，所以也常被称为"哈勃音叉图"。直到今日哈勃序列仍是最常用的星系分类法。

不少天文学家认为，在所有的星系中，旋涡星系是最为美丽的。自1845年人们发现第一个旋涡星系以来，被记录在案的旋涡星系已达数千个。而直到 1951 年，银河系才被证实也属于这个美丽群体。

关于银河系属于旋涡星系这一说法在很早以前就被提出来了。早在 1852 年，美国天文学家斯蒂芬·亚历山大就认为银河系也是一个旋涡星系。但是，由于我们自己就身处在这个庞大的星系中，想要透过诸多的恒星去看清它的旋臂，有极大的困难，所以这一观点始终难以证实。

借助天文学家巴德对仙女座星系的研究，20 世纪 50 年代美国天文学家威廉·威尔逊·摩根利用超巨星的分布，描绘出太阳附近三段平行的旋臂。这些旋臂按照主要臂段所在方向的星座命名。太阳位于一个臂的内边侧，这个臂现在叫猎户臂，从天鹅座延伸到麒麟座；平行于猎户臂的是英仙臂，距离银河系的中心大约 7 000 光年；第三个旋臂通过人马座，比猎户臂更靠近银河系的中心。这些旋臂的存在使银河系的旋涡结构得到了确认。后来天文学家们发现，在银河系中心有一个由恒星组成的、长达 2.7 万光年的"恒星棒"，这一发现使银河系正式加入了棒旋星系的家族。棒旋星系的特征是：旋涡星系的核心有明亮的恒星涌出，聚集成短棒，并横越过星系的中心。在宇宙各类星系中，棒旋星系是相对年龄较老的一种，天文学家们认为，这样的星系演化出生命的可能性较大。

银河系由核球、银盘、旋臂、银晕和银冕等部分组成，突起的核球处于银河系的中心部位，是银河系中恒星密集的区域。核球周围是银盘，这里集中了银河系 90% 的质量。银盘中除密集的恒星外，还有各种星际介质和星云及星团，其物质分布呈旋涡状结构，即分布在几条螺旋形的旋臂中。我们看到的银河，就是银盘中遥远的恒星密集分布在一起形成的。银河系除了核球和银盘以外，还有一个很大的晕，称为银晕。银晕中的恒星很稀少，还有为数不多的球状星团。

银河系是一个庞大的系统，约有 90% 的物质集中在它所包含的恒星上。恒星的种类繁多。在一个星系内部，大量物理性质、化学组成、空间分布和运动特征等状况较为相近的天体会形成某种集合，这样的集合被称为"星族"。按恒星在银河系里的分布、所处的演化阶段和物理特性，银河系内的恒星可分为两个星族。天文学家们通常把比氢和氦重的元素都划为"金属元素"，也可以称之为"重元素"。第一星族的恒星们，亦称"星族Ⅰ星"，"体内"包含相当多的重元素，被称作"富金属星"，它们主要分布在银盘的旋臂上。而年老的第二星族的恒星，即"星族Ⅱ星"，几乎都是"贫金属星"，所含的重元素相对较为稀少，主要分布在银晕里。恒星常聚集成团，目前已在银河系内发现了 1 000 多个星团。银河系里还有气体和尘埃，其含量约占银河系总质量的10%，它们的分布很不均匀，有的聚集为星云，有的则散布在星际空间。

目前在学术界影响较大的"宇宙大爆炸理论"认为，宇宙起始于137亿年前的一次无与伦比的大爆炸，而在此之前它只是一个致密炽热的点。大爆炸使得空间急剧膨胀，宇宙中充满辐射和基本粒子，随后温度持续下降，物质逐渐凝聚成星云，再演化成今天的各种天体。大爆炸模型预言宇宙应当由大约25%的氦和75%的氢元素组成，这与天文测量的结果极为符合。由于在宇宙形成初期没有任何重元素，所以早期星体的重元素含量很低。天文学家们在银晕中的球状星团里找到了银河系内年龄最老的恒星，它的重元素相对丰度只及太阳的0.2%。这一类星都是贫金属星。

一颗大质量的恒星消耗完核心部分的氢以后，其核心将变热并坍缩，形成较重的元素。星核的自转速度非常快，所产生的离心力把新形成的重元素抛射到宇宙空间，成为星际物质，而恒星自身将爆发为超新星。

观测与实验证明，银河系自形成以来，其金属元素含量愈来愈高，像钙、铁这些重元素在恒星死亡时被抛射到太空中，成为后来诞生恒星与行星的星际气体尘埃云。而星际云经过几亿到几十亿年的演变，又形成新的恒星及围绕其运转的行星。太阳系中的金属元素都是从原始星云中来的，且这些金属元素均来自上一代恒星。也就是说，地球上生物体内的钙与铁，我们呼吸的氧，包括组成我们这些智慧生命的所有重元素，无一不是来自从前死亡恒星的"遗骸"。从这个角度讲，我们都是那些已死亡的恒星的后代。

天体和其他宇宙物质中除氢和氦以外的所有元素的原子总数或

总质量的相对含量被称为"金属丰度"。一颗恒星的金属丰度是衡量它能否孕育出生命的重要指标。迄今为止，我们只知道，在银河系内，唯有太阳系中有生命存在。而在太阳系中，只有地球上孕育出了我们这样的生命体。地质学家和古生物学家皮特·伍德及天文学家和宇宙生物学家唐纳德·布朗利在他们合著的《孤独地球》中曾提出过这样一个观点：银河系中仅有很窄的一道环状区域可能适合生命存在，这条距离银心大约 2.28 万～2.93 万光年的狭窄区域就是"银河系的宜居带"。太阳系运行轨道距离银河系中心大约 2.6 万光年，正好位于银河系的宜居带内。也就是说，我们很幸运地处在宇宙的"生命绿洲"之中。

恒星死亡后的震撼景象

然而，最近美国宇航局宇宙生物学研究所的麦克·古瓦洛克，以及他的同行加拿大特伦特大学的大卫·帕顿和萨宾·麦克康奈尔等人进行了一项有关"银河系宜居带"的研究。结果显示，尽管银河系靠近核心的区域确实环境险恶，但是却可能成为最适宜生命生存的区域。

古瓦洛克等人的相关论文后来发表在《宇宙生物学》杂志上。他们有关"生命宜居区域"的概念主要基于三个基本参数：超新星爆发率、恒星的金属丰度以及复杂生命进化所需要的时间。古瓦洛克指出，尽管由于较低的恒星密度，以及更少的超新星爆发，在银河系外侧会更加安全。但是，他们将金属丰度和行星形成速率进行了关联，如此，从星系历史的角度看，恒星诞生和消亡过程发生频率最为剧烈的区域是靠近银河系核心的位置，银河系内侧金属丰度最高，而银河系外侧这一指数就要低得多。因此，在银河系内侧位置，行星的数量也应当远多于银河系外侧。因为重元素是形成行星的原始建筑材料，而在银河系核心区域这样的材料密度是最高的。尽管这里的超新星爆发频率高得多，但这种爆发会摧毁很多行星上可能存在的生命。不过古瓦洛克等人的计算显示，在银河系内侧找到幸存的、没有被摧毁的有生命行星的几率要比银河系外侧高出10 倍。

古瓦洛克小组的论文还指出，随着时间的推移，银河系的高金属丰度区域将逐渐向外侧扩展。由此看来，宇宙的生命绿洲并非一成不变的，或许我们银河系中生命活动的高峰期尚未到来。果真如此的话，我们就很有可能是银河系孕育出来的第一代智慧生命。

19　当牛郎遇到织女

◇ ⋯⋯⋯⋯⋯⋯

　　南北朝时期，梁朝的宗懔编写过一部记录中国古代荆楚地区岁时节令风物故事的笔记体文集，名为《荆楚岁时记》，其中有这样一段记载："天河之东有织女，天帝之子也，年年织杼劳役，织成云锦天衣。天帝哀其独处，许配河西牵牛郎。嫁后遂废织纴。天帝怒，责令归河东，唯每年七月七日夜一会。"这是我国历代由文人编撰的牛郎、织女故事中成型最早的一篇。

　　"织女""牵牛"二词见诸文字，最早出现于《诗经·小雅》的《大东》篇中。诗中的织女、牵牛只是天上两个星宿的名称，这二者之间并没有什么关系。而到了东汉时期，在无名氏所写的古诗《迢迢牵牛星》中，牛郎和织女就已成为一对恋人。到了南北朝时期，在梁朝文人萧统编撰的《文选》里，出现了牛郎、织女"七夕相会"的情节，至于他们为什么会分开，则没有解释。天帝的出现，以及牛郎、织女因恋爱而误工的事都是宗懔编出来的。

　　牛郎、织女的民间传说与宗懔记载的有很大不同。相传牛郎是个孤儿，父母早逝，常受哥哥和嫂子虐待。后来兄嫂嫌牛郎太累赘，提出分家，并在分家时霸占了绝大多数财产，只分给牛郎一头老牛。但是牛郎并不埋怨，每天跟老牛相伴度日。有一天，老牛告诉牛郎，有一群仙女要到附近的河里洗澡，它劝说牛郎去偷一位仙女的衣服，这样仙女就不能回到天上去了，牛郎就可以把仙女留下来做妻子。牛郎听从了老牛的话，事先藏在芦苇丛中。等仙女们下到河里沐浴的时候，牛郎跑出来，拿走了织女的衣裳。惊慌失措的仙女们急忙上岸穿好衣裳飞走了，唯独剩下织女。在牛郎的恳求下，织女答应做他的妻子。婚后，牛郎耕田，织女织布，他们相亲相爱生活得十分幸福美满。织女还给牛郎生了一对儿女。过了几年，老牛把牛郎叫到面前，对他说自己快要死了，并叮嘱他把自己的皮剥下来收好，以后遇到急难的时候披在身上，自然会有用处。老牛死后，夫妻俩忍痛剥下牛皮，把牛埋在山坡上。不久，织女和牛郎成亲的事被天庭的玉皇大帝和王母娘娘知道了，他们对织女私自下凡非常生气，命令天兵天将下界抓回织女。天神趁牛郎不在家的时候抓走了织女。牛郎回家不见织女，急忙披上牛皮，担着两个小孩追上天去。眼看牛郎就要追上天兵了，王母娘娘拔下头上的金簪向天空划了一下，天上立即出现了一条波涛汹涌的大河，这就是银河。银河浊浪滔天，牛郎实在没法飞过去。从此，他与织女只能泪眼盈盈，隔河相望。天长日久，玉皇大帝和王母娘娘也拗不过他们，准许他们每年七月七日相会一次。每到这一天，人间的喜鹊就要飞上天去，在银河上为牛郎、织女搭桥，让他们在鹊桥上相会。如今，经过长久的传承和演变，"七夕"已成为中国一个极为重要的节日。古时候妇女们会在这天组织开展各种劳动竞赛，而现在会有许多年轻人在这天互送礼物，或表达爱慕，因为这天被称作"紫色情人节"。

至于牵牛星和织女星，我们也都不陌生。秋天的夜晚，每逢天空晴朗时，我们所看到的最亮的恒星就是织女星。它和附近的几颗星星连在一起，成为一架七弦琴的样子。在天文学上，这一星座名为"天琴座"，织女星就是天琴座的第一星。牵牛星在织女星的东南方，在天鹰座内，其两侧各有一颗小星星，就是传说中牛郎挑着的两个孩子。这三颗星在我国古代叫作"河鼓三星"（也称"扁担星"），其中牛郎星叫"河鼓二"。

牛郎星和织女星都是离我们非常遥远的恒星。织女星距离地球约 26 光年，牵牛星距离地球约 16 光年。牛郎星与织女星之间的距离也很远，约有 16.4 光年，这和牛郎星到地球的距离差不多。如果让牛郎以每天 100 千米的速度跑，他得花 40 多亿年才能跑到织女身边。别说见面了，就算这两口子通个电话，从一方话音响起开始算，到另一方听见对方说的第一个字也得用 16.4 年的时间。

如果宇宙间发生了奇迹，牛郎星真的遇到了织女星会怎么样呢？结果么……若是你很幸运地有个叫大卫·班纳的父亲，又很幸运地遗传了他那经过改造的基因，你才有很小的可能变身成"绿巨人"。要知道，牛郎星和织女星这两颗恒星的质量都不算小，它俩要是真见了面控制不住，热情"拥抱"起来，很可能会导致伽马射线暴的产生。

天文学家们很重视牛郎星和织女星。据观测，织女星是一颗主序星[注1]，颜色为白中透蓝，其核心正在发生氢变成氦的核聚变，其光球层的金属丰度只有太阳大气层的32%。20 世纪 80 年代，红外线天文卫星发现织女星被一个大的尘盘包围着，最初认为是一个原行星盘，而现在则认为是一个"碎片盘"，这是因为织女星本身仍年轻，只有 2 亿岁。1998 年，洛杉矶加利福尼亚大学的联合天文中心侦测到该尘盘一些不寻常的地方，指出织女星有可能有类地行星存在。而据哈勃望远镜的观测结果，牛郎星还没有发现类木行星。科学家推测，如果在距离牛郎星 3.4 天文单位的位置上存在类地行星的话，在该行星上很可能有液态水。但是考虑到该星系还年轻，该类地行星也会像最初 10 亿年的地球一样，处在陨石和流星不断的撞击中。即便该类地行星上有生命存在，也只有原始的单细胞生命能够存活。

红外线天文卫星

如果牛郎星和织女星真的各自拥有行星系统的话，那么，在它们相互接近、尚未"牵手"的时候，彼此的行星系统就会受到引力的干扰，发生"重组"，质量较大的一方可能会夺取另一方的行星，将其合并到自己的行星系统内。2003 年发现的矮行星"塞德娜"的轨道曾引起天文学家们的争论。有些天文学家认为在太阳系形成初期，一颗大质量的恒星掠过太阳系边缘，将塞德娜拖拽到目前的轨道上。还有一些天文学家认为，塞德娜是太阳从另一颗恒星那里"抢夺"来的。

比两个恒星相遇更为壮观的是银河系这样庞大的系统的冲撞。

通常我们所说的星系指的是类似银河系这样的，包含恒星、气体的星际物质、宇宙尘埃和暗物质，并且受到重力束缚的大质量系统。星系是依据它们的形状分类的。最常见的星系是椭圆星系，有着椭圆形状的明亮外观；旋涡星系是圆盘的形状，加上弯曲的尘埃旋涡臂，形状不规则或异常的，通常是受邻近的其他星系影响的结果；邻近星系间的交互作用，也许会导致星系的合并，或是造成大量的恒星产生，即所谓的"星爆星系"；缺乏有条理结构的小星系则称为"不规则星系"。

星系的质量一般在太阳的 100 万到 1 兆倍之间。椭圆星系的直径在 3 300 光年到 49 万光年之间，旋涡星系的直径在 1.6 万光年到 16 万光年之间，不规则星系的直径在 6 500 光年到 2.9 万光年之间。

在可以观察到的宇宙中，星系的总数可能超过 1 000 亿个。大多数星系都有聚集成团的倾向，我们的银河系也不例外。它和我们的邻居仙女座星系、三角座星系等几十个星系共同组成了一个大家庭，叫作

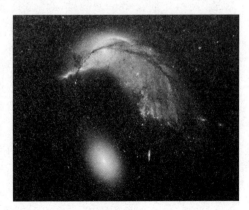

星爆星系

"本星系群"。比星系群成员数目更多的星系集团叫"星系团"，它是由星系、气体和大量的暗物质在引力的作用下聚集而形成的更为庞大的天体系统。

在室女座天区有一个不规则的星系团，在天球上东西横跨15°，南北长达40°，这就是著名的室女座星系团，距离我们5 000多万光年，算是我们所在的本星系群的近邻。到20世纪末，已发现上万个星系团，距离远达70光年之外。法国天文学家沃库勒分析了亮星系的分布后，认为它们中的绝大部分属于一个扁扁的巨大星系集团，他将其称为"本超星系团"，它的中心在室女座星系团方向，本星系群也是本超星系团中的一员。

在我们的本星系群中，有一位重要的成员，名叫"仙女座星系"，它通常又被称为"仙女座大星云"。在梅西耶的星系表中，它的编号是"M31"。这个美丽的旋涡星系是本星系群中最亮的一个成员，跟我们的银河系是近邻。长久以来，仙女座星系和银河系，就如牛郎跟织女一样，相思相望却无法靠近。然而，天文学家们发现，这两个星系正在努力地拉近彼此间的距离，在大约30多亿年后，两者可能会来个亲密接触，甚至是热情拥抱。

当银河系遇到仙女座星系时结果会怎样？那绝对要比牛郎星遇到织女星还要热烈——天文学家们使用计算机模型进行推算后认为，银河系与仙女座星系的碰撞将会分两个阶段进行。在第一阶段，也就是大约20亿年以后，引力的强大作用会改变两个星系的形状，使这两个星系在"身后"生出一条由尘埃、气体、恒星和行星组成的"尾巴"。进入第二阶段，也就是大约30多亿年后，两大星系将发生直接联系，星系的旋臂将会逐渐消失，并最终形成一个新的椭圆形的星系。在这一过程中，太阳系很可能会被抛向两大星系的中间，那个地方引力极其强大，处于其间的所有行星都将被引力摧毁，而太阳系将会像其他成千上万个恒星系统一样发生分裂。当银河系和仙女座星系完全融合，达到"你中有我，我中有你"的境界时，太阳和一部分残留下来的行星将停留在距离这个新的椭圆形星系中心6.7万光年远的地方，但前提是太阳能在引力的"撕扯"下幸免于难。

　　天文学家们描述的这些场面绝非危言耸听，类似的情况已经发生过。2004年，英国剑桥大学的天文学家们就曾捕捉到这样的场景：一道长达5万光年的恒星流正在向仙女座星系奔涌而去。这道恒星流源自一个编号为"NGC 205"的小星系，它是仙女座星座的卫星星系，在仙女座星系的所有卫星星系中，亮度排行第二。这幅场景使得天文学家们可以确认："NGC 205"正在被它的"主人"逐渐吞噬。

仙女座星系

　　事实上，对仙女座星系"贪婪的劣迹"大家早已心中有数，它就是通过不断地吞噬其他星系而实现扩张的。在它的周边有不少还没"消化干净"的残余物—— 一些高密度的气体云，但这些气体云已不足以形成新的恒星。2009年，《自然》杂志的网络版公布了仙女座星系的"犯罪实录"——仙女座星系侵吞三角座星系"财产"的照片。三角座星系也是我们银河系的邻居，在本星系群中个头排在第三位。照片上，三角座星系拼命地反抗仙女座星系的"捞过界"行为，但由于"力量"上输给仙女座星系，三角座星系的许多恒星都被仙女座星系拖拽走了。

　　如此看来，银河系和仙女座星系最好还是不要搞什么亲密接触，这种热烈场面地球上的人类可经受不起。然而，客观物质世界的某些发展，不会因为我们不喜欢就停止。2012年以前，天文学家还无法确定这场碰撞是否一定会发生。2012年，天文学家分析了哈勃望远镜观测的仙女座星系在 2010—2012 年的运动状态，确定了两个星系肯定会发生碰撞。聊以安慰的是，这次碰撞在 37.5 亿年之后才会出现。那时候，地球上早就没有你我了，所以我们也不必为了 30 多亿年后的祸事担心。

另外，还有一个好消息和一个坏消息需要告诉大家。好消息是：过去天文学家们认为银河系比仙女座星系要小，所以悲观地估计，两者相遇后银河系会被仙女座星系"吃"掉。但在 2009 年 1 月，科学家们在地球绕太阳运转的不同时间测量了银河系中最明显的新生恒星，并绘制出这些恒星的高精度三维图谱。借助这个图谱他们确定，银河系的直径比之前普遍认知的长 15%，围绕自己中心旋转的速度也比过去认知的快 15%。这意味着，银河系的质量约为之前认知的 1.5 倍，对其他星系的牵引力也比之前认为的更大。两强相遇，质量大的总会占些便宜。按天文学家们目前的估算，银河系与仙女座星系的质量相当，理应不会任它予取予求，肯定能扳回一些面子的。

现在我们再来公布坏消息，它与好消息可以说是一体两面的：银河系的质量比先前预计的要大 50%，对其他星系的引力也更大，因而银河系与包括仙女座星系在内的其他星系亲密接触的时间可能比科学家预计的更早。

注 1：主序星，在赫罗图上从左上角到右下角的狭窄带内，有一个明显的序列，这就是主星序。在主星序上的恒星就叫作主序星。赫罗图是指恒星的光谱类型与光度的关系图，是丹麦天文学家埃希纳·赫茨普龙和美国天文学家亨利·诺利斯·罗素分别于 1911 年和 1913 年各自独立提出的。

20 大宇宙和小宇宙

◇ ·················

　　快乐的暑假又来到了。这一年的暑假作业，老师布置了一个自由研究的项目。为了完成作业，大家想出了各种办法进行各自的研究：静子种了许多盆牵牛花，研究牵牛花在不同温度、湿度下的生长情况；强夫放飞了很多气球，研究风向与天气的关系；出木杉绘制了多奈川的图表，研究水流从源头到入海口的水质变化……只有野比康夫不知道选什么项目。

　　眼看暑假已过了近一半，野比的自由研究还是没有着落，他不得不再次求助于机器猫。机器猫瞒着野比，从未来的科学教材部暑假作业角订购了一套"创世组件"，希望给野比一个惊喜。乘坐时光机前去未来偷看自己作业答案的野比在时光隧道里收到了机器猫送给他的包裹，发现是"创世组件"，大喜过望。

　　"创世组件"就如同一个"养成游戏"一样，可以让操作者自己动手，模拟出宇宙诞生的全过程。机器猫和野比把"创世组件"组装起来，在四维空间里造出了一个模型太阳系。野比每天观察他亲手造出来的地球，并把这个微型行星的历史记录下来写成研究报告。同时，他们还利用机器猫那神奇口袋里的道具造访了微型地球，在这个他们亲手创造出来的行星上扮演了上帝的角色。

　　为了让人类在自己创造的微型地球上尽快诞生，野比向机器猫借了进化退化放射线枪，使一种名为"青古鱼"的鱼类加速进化，不想在此过程中一不留神，使某种昆虫也快速进化了。不久，在野比制造的地球上，出现了另一种高等智慧生物——飞虫族，他们给自己起的学名是"蜜蜂能人"。野比和机器猫一直关注着微型地球上与野比酷似的人及其后代，并给予他们额外的照顾，却没发现飞虫族已悄悄发展壮大起来，并且在静静观望着微型地球上的人类。

微型地球上时光飞逝。一开始飞虫族还能和人类和平共处，并隐藏着自己的踪迹。但微型地球上的人类开始大规模开发这颗星球，飞虫族最终不敌人类的大规模繁衍发展，被赶入地下世界，渐渐失去了栖身之地。忍无可忍的飞虫族开始筹划着进攻居住在地上的人类。同时，飞虫族内一位与野比十分相像的少年比特罗，为了准备大学考试论文，乘坐时光机去往5亿年前的世界调查"神的捉弄"，即5亿年前青古鱼突然飞速进化的原因。而时光机上的追踪器将比特罗带到了真实的地球，降落在野比等人生活的年代。为了查清真相，比特罗带走了强夫和大胖。

野比和机器猫偕同静子再次拜访微型地球，观察到微型地球上的野比美资助的一次南极考察活动。野比美等人发现了南极地区的空洞，并进入空洞内的通道，来到了居住于地底的飞虫族基地。他们震惊地发现，飞虫族的科技水平远远超过地上的人类，而且他们正准备征服地上的人们，夺回本属于他们的土地和资源。不服气的野比美开始与飞虫族的总统谈判。另一边，野比等人考察微型地球的地底环境时，意外见到了被掳走的强夫和大胖，而比特罗也摆脱了真实地球上时空巡警的追踪返回了地下基地。众人说起创造微型地球的过程，终于解开了所谓的"神的捉弄"之谜。

野比美与飞虫族总统的谈判破裂，南极考察队被飞虫族扣押。为防止征服地面的计划泄露，飞虫族准备开炮击毁野比美等人乘坐的飞艇。比特罗及时赶来，告诉飞虫族创造了微型地球的野比康夫觉得自己处事不公，给飞虫族带来了很大的麻烦，于是在机器猫的帮助下，又造了一个微型地球。这第3个"地球"正处于寒武纪，地面上还是各种昆虫的天下。野比和机器猫把这个"地球"送给飞虫族，邀请他们进入新的世界，创造自己的文明。

　　《康夫的创世日记》是"机器猫大长篇"里极为华丽的一章，讲述的是小学生在来自未来世界的猫型机器保姆的帮助下，建造自己的模型地球，并在模型地球上扮演上帝的过程。

　　模型，我们并不陌生，通常指根据实验、图样放大或缩小而制作的样品，可用于展览、实验或铸造机器零件等。但模型还有另一个含义，即"对所研究的系统、过程、事物或概念的一种表达形式"，指的是对现实世界的事物、现象、过程或系统的简化描述，或对其部分属性的模仿。

　　在天文学上，通常在研究一个系统时，总要建立其模型。例如，从总体上研究银河系质量分布和结构的简化模式就是银河系模型。

　　天文史上，银河系模型的建立是一等一的大事。因为星系是宇宙的基本构件，建立银河系的模型是我们研究宇宙过程中极为关键的一步。

　　第一个建立起银河系模型的人是著名的天文学家威廉·赫歇尔。他利用自己制造的望远镜，在几百个不同方向上进行恒星计数。1875 年，他用这些恒星计数发表了有史以来第一幅银河系结构图。在赫歇尔的银河图里，银河系正如之前康德所指出的那样，是一个扁平的盘，被群星环绕。赫歇尔计算出的银河系长度为 7 000 光年，宽为 1 400 光年，我们的太阳处在银河系的中心。不过这个模型中存在一个严重的错误假设——宇宙空间中不存在星际物质。现今我们都已知道，银盘含有气体和尘埃，它们会吸收掉 2 500 光年距离上的恒星发出的光的一半。正是这个错误的假设，使得赫歇尔误以为太阳系在银河系中心的位置上。不过，虽然这个模型还很不完善，但它却使人类的视野从太阳系扩展到了银河系这一广袤的恒星世界中。

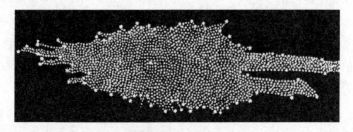

赫歇尔眼中的银河系

照相技术的发明，使天文学家们的口袋中拥有了一样崭新的神奇道具。天文学家们将它用于银河系的研究。荷兰著名天文学家雅各布斯·卡普坦借助这一先进技术，重复了赫歇尔曾经做过的工作，并建造了一个新的银河系模型。

卡普坦，1851 年 1 月 19 日出生于荷兰的巴讷费尔德，1868 年进入乌特勒支大学学习数学和物理，1875 年获得物理学博士学位，随后前往莱顿天文台工作。1878 年，卡普坦成为荷兰格罗宁根大学的天文学教授，直到 1921 年退休。

卡普坦花了 40 年的时间从事单调乏味的恒星计数工作，并在 20 世纪初将建立银河系模型这一课题推到了天文研究的最前沿。1906 年，卡普坦制订了一个雄心勃勃的计划用以探索银河系：他在天空的不同部位选出 206 个小区域，呼吁全世界的天文学家去获取这些区域内的恒星数据。这些区域后来被称为"卡普坦选区"。如同在一座山的不同地点钻通许多洞就可以研究这座山的结构一样，研究所有卡普坦选区，或许能够了解银河系的结构。这是一个天才的设想。弗里德里克·希尔斯在评论卡普坦的时候说道："卡普坦是唯一没有使用过望远镜的大天文学家。更准确些讲，全世界所有的望远镜都是他的。"

与赫歇尔不同，卡普坦利用恒星的视差和空间运动来估算银河系的大小。根据恒星计数的结果，卡普坦建立了岛宇宙模型，并且认为银河系是透镜状的，直径为 5.5 万光年，厚 1.1 万光年，太阳位于其中心附近，距离银心 2 000 光年。由于同样没有考虑到星际气体和尘埃的消光影响，卡普坦得到的银河系大小仅为现在所知的一半左右，但是比英国著名天文学家威廉·赫歇尔给出的结果大了 9 倍。人们把他建立的宇宙模型称为"卡普坦宇宙"。在他去世后，罗伯特·尤利乌斯·特朗普勒才由星际红化（光通过星际空间而变红的现象）估计出与目前结构较为接近的银河系大小。

后世的天文学家评论说，卡普坦的宇宙是一个舒适的场所：它有着小而安全的银河系，太阳位于银河系中心，大多数恒星围绕星系中心运转的速度适中，比地球绕太阳运转的速度还慢。

然而，这个小而舒适的宇宙很快就被另一位年轻的天文学家哈罗·沙普利"摧毁"了，取代它的是一幅极其宏伟壮丽的景观。在沙普利的模型里，太阳被从银河系的中心搬到了"郊区地带"，这正像哥白尼曾经做过的事——把地球从太阳系中心挪开。天文学家们把卡普坦的宇宙模型和沙普利的进行了比较，认为卡普坦的模型犹如一座安静秀丽的村庄，而沙普利的模型则是一个拥抱整个宇宙的大都会。

哈罗·沙普利，1885 年 11 月 2 日出生于纳什维尔，是美国著名的天文学家，美国科学院院士。1921～1952 年担任哈佛大学天文台台长，1943～1946 年担任美国天文学会会长。他主要从事球状星团和造父变星（一种亮度随时间呈周期性变化的恒星）的研究。由于他建造了太阳系位于银河"郊区地带"的模型，而被誉为 20 世纪科学史上最杰出的人物之一。

沙普利是从造父变星作为切入点开始建造银河系模型的，这有赖于哈佛大学天文台的女天文学家亨丽爱塔·勒维特的一项发现。所谓造父变星，是一种黄色的超巨星，它们像人类的心脏一样脉动着，伴随着星体的膨胀和收缩，它的亮度也会增强或减弱。1907 年，亨丽爱塔·勒维特发现了造父变星的周期—光度关系：造父变星的周期越长，星体越大，其本身亮度也就越高。沙普利很快获知了勒维特的发现，并将其用于测量银河系的大小。简单说来，通过将造父变星本身的亮度与其视亮度进行比较就可以确定距离，因为视星等越暗，说明离我们的距离越远，而如果造父变星属于一个星团，则造父变星的距离就是这个星团的距离。沙普利自己就是个研究球状星团的专家，现在他可以通过测定球状星团的距离来确定银河系的大小。1918 年，通过测定 69 个球状星团的距离，沙普利建造了他的银河系模型。沙普利的银河系有 33 万光年的巨大直径，太阳系位于距离银心 6.5 万光年的地方，银心位于南半球天空，在人马座以西，靠近天蝎座和蛇夫座的交界处。

如今我们知道，沙普利的银河系模型基本正确，只是它比我们目前已知的银河系大了近两倍。按现今天文学家们的说法，银盘的实际直径是 13 万光年左右，太阳距离银心约 2.6 万光年。沙普利过高地估计了银河系的大小，是基于两点错误：其一，他在测定头三个球状星团时使用的变星比造父变星亮度要小；其二，星际气体和尘埃部分阻挡了星团发出的光，在这种情况下，星团显得比实际更暗、更远，而沙普利忽略了这一点。这两点错误使得沙普利建立的银河系模型无比巨大，以至于他相信仙女座星系这样的旋涡星云是银河系内的小系统，这导致了他与另一位天文学家希伯·柯蒂斯的争论，这场争论史称"沙普利—柯蒂斯之争"。

"沙普利—柯蒂斯之争"也称为世纪大辩论，于 1920 年 4 月 26 日在华盛顿美国国家科学院史密森学会的自然史博物馆举行。辩论的基本问题是当时所谓的旋涡星云是在银河系内的小天体，还是在银河系外巨大且独立的星系。

沙普利作为"银河系就是整个宇宙"议题的代表，认为仙女座星云和螺旋星云是小天体，并且只是银河系的一部分。他引用相对大小的主张：如果仙女座星云不是银河系的一部分，则它的距离一定是 108 光年的数量级。这是当时大多数天文学家都不能接受的尺度。为他提供数据参数的是另一位著名的天文学家阿德里安·范·马纳恩。范·马纳恩声称观测到了风车星系（正面朝向地球的螺旋星系）的自转。如果风车星系不在银河系之内，则所观测到的旋转速度显然超过了光速，而光速是天文学家们认可的宇宙限速。

柯蒂斯认为仙女座星云和其他这一类的星云都是独立的星系或岛宇宙。他引用了"仙女座星云中的新星比银河系还要多"这一事实，推论仙女座星云是一个独立的星系，有它自己的年龄和新星爆发。他还引用了"在其他星系中也有类似我们银河系中的尘埃云产生的暗线"，和"在其他星系中发现的大量的多普勒位移"等资料。对于范·马纳恩的说法，他表示，如果范·马纳恩对风车星系自转的观测是正确的，那他自己本身对宇宙的尺度和银河系的认识就是全盘错误的。

这场辩论结束之后，又过了 3 年，沙普利的说法被证明是错误的。1923 年，美国天文学家爱德温·哈勃观测到仙女座旋涡星云中有一颗造父变星，这颗造父变星很暗，证明仙女座星云距离很远。哈勃使用沙普利的方法，估算出仙女座星云的距离。他的发现证明，宇宙极其庞大，存在着许多像银河系这样的星系。凭借着这颗造父变星，哈勃建立起了比沙普利的"大银河系"更为庞大的宇宙。6年后，他宣布了一项极为伟大的天文发现——宇宙在膨胀。

21　　　　　　　　　　宇宙到底啥模样

◇⋯⋯⋯⋯⋯

　　未来的大宇航时代，刚从宇航学院毕业的宇航员戴琰奉命护送两名天文学家去某星系执行任务。途中，天文学家们因个性、观点差异而争吵不休。由于缺乏经验，戴琰在突然出现的陨石雨面前手忙脚乱，没能躲开最后一块陨石，飞船左侧被陨石击中。戴琰将飞船降落在一颗荒凉的行星上，然后走出去修理飞船。天文学家们趁机带着仪器走出飞船动手验证各自有关星体成因的理论。这时候行星发生地震，戴琰和飞船被急速撕裂的大地吞没。戴琰想方设法进入了飞船，但却被因受剧烈振动而松动的飞船零部件砸昏。

　　苏醒过来的戴琰发现自己身在一个类似地球的自然环境中，他找到陷入泥沼中的飞船，并把飞船从泥沼中弄了出来。戴琰从飞船的电脑中得知天文学家们携带的氧气只够用 3 个小时，他心急如焚，无暇考察周围环境，急忙启动飞船。但是飞船经过零重力区后，又被重力牵引着飞回地面，戴琰十分不解。在降落过程中，飞船压坏了当地智慧生物"勒密那"的建筑物，戴琰因此遭到勒密那们的围攻。

　　戴琰逃到平原上，意外地遇见多年前失踪的另一艘飞船的驾驶员旭东和乘客欧雷博士。博士告诉戴琰，他们是在这颗行星的内部，该行星具有一个庞大的内部封闭生态体系。很多年来，博士和旭东一直在研究这个系统。由于飞船毁坏严重，博士他们放弃了寻找通往行星外部的通道。

勒密那们对飞鸟的崇拜给了戴琰很大的启发，他相信那些飞鸟是通过一条隧道从圆形行星内部世界的那端飞到这边来的，这条隧道很可能有其他岔路通向太空。为了救出天文学家们，戴琰决意冒险一试。博士帮助戴琰在勒密那的营地找到飞船，戴琰驾驶飞船冲下飞鸟出没的悬崖。

旭东带着记录勒密那的胶片和当地珍贵的矿物偷跑上船，他不相信戴琰能找到出去的道路，便打伤戴琰抢到飞船控制权。飞行中，飞船撞到岩壁上烧毁，戴琰及时带旭东乘救生船逃脱。戴琰根据地层活动情况和其他蛛丝马迹选择了正确道路，成功地回到行星表面。旭东的发财梦随飞船破灭，只好老实做人。戴琰找到天文学家们，发现他们不仅握手言和，而且还用手头的器件制造了氧气发生机，发出了求救信号。戴琰决定，等救援飞船一到就要一艘小艇去救欧雷博士。

《深渊跨过是苍穹》是我国著名科幻作家凌晨的代表作。故事描述了没有污染与争斗的世界的美丽，讴歌了人与人之间真诚团结、互助友爱的情感，鞭挞了某些人自私、贪婪的不良品质，赞扬了不怕困难、勇敢拼搏的精神，但是其中最令人震撼、折服之处在于作者描写的那颗荒凉的行星"μ - 747"。在小说中，凌晨写道："这颗在行星分类学上属于 μ 类[注1]的星球，表面沟壑纵横交错。那些沟壑深浅不一，长短不同，宽窄各异，使'μ - 747'像个伤痕累累的苹果……天文学家们登陆后发现，站在'μ - 747'看到的整个 96 立方光年呈梭形，那其余 10 颗星星的分布显示出一种美学上的独特形式，似乎另有深意。"透过这样的描写我们可以知道，"μ - 747"这颗行星的重力分布非常独特，以至于行星周围的空间在重力场的作用下发生了扭曲，使得行星表面属于"深渊"的部分与属于"苍穹"的部分连接起来——从某个角度讲，这和我们的宇宙非常相似，简直可以把"μ - 747"看作我们这个宇宙的缩影。

人类研究宇宙，其历史已经非常久远了。对于宇宙，我国战国时期著名的政治家、思想家尸佼在他的著作《尸子》中曾这样解释道："上下四方曰宇，往古来今曰宙。"由此，"宇宙"这个词直接将空间和时间紧密联系起来。

"宇宙"两字连用，最早出自《庄子》。同时，《庄子》一书还给出了一种更抽象的宇宙定义："出无本，入无窍。有实而无乎处，有长而无乎本剽。有所出而无窍者有实，有实而无乎处者，宇也；有长而无本剽者，宙也。"根据现代学者张京华的翻译，这段话的意思是："有实体存在但并不固定静止在某一位置不变，叫作'宇'；有外在属性但并没有固定的度量可以衡量，叫作'宙'。"此种宇宙定义与时空无关，与现代宇宙观有相似之处，但长期未被人们熟知。

当今的科学家们认为，宇宙是由空间、时间、物质和能量所构成的统一体，是一切空间和时间的总合。通常我们理解的宇宙是指我们所存在的一个时空连续系统，包括其间的所有物质、能量和事件。

在宇宙研究史上，"宇宙到底是什么形状的"是最著名的问题之一。自托勒密以来，很多物理学家都把宇宙想象成一个球体。然而，爱因斯坦的广义相对论认为，由于有物质的存在，空间和时间会发生弯曲，而引力场实际上是一个弯曲的时空。按照他的理论，我们都在沿着这个宇宙的平滑曲面运动。我们夜晚能够看见的熟悉的星光，也一样在沿着这个平滑曲面运动。为了弄清楚我们所处的这个时空到底是个什么形状，宇宙学家们不得不求助于拓扑学。

拓扑学是近代发展起来的一个数学分支，用来研究各种空间在连续性的变化下不变的性质，或者说，从形式上讲，拓扑学主要研究拓扑空间在连续变换下保持不变的性质。

现在想象你手里有一大块平整、柔韧的塑料膜，可以任意弯曲、拉伸、压缩，简言之就是可以做各种变形。倘若在这块塑料膜上原本印有图案，随着塑料膜形状的改变，图案的长度、面积、曲直也会发生变化。但是，在这一过程中不增加或减少塑料膜上的点，不穿孔、不切割、不重叠、不撕裂，塑料膜上的图形依然会保留一些不变的性质。这样的几何学就叫"拓扑学"。

我们的宇宙或许就是这样一块可以随意变形的膜。假设你手中的膜是矩形的，将它卷起，把左边和右边黏合起来，使两边能够衔接，它就成为了一个圆筒。再将这个圆筒的上边和下边黏起来，它就成为一个像炸面包圈一样的圆环。若是把那块矩形膜扭转180°，再将左右两条边黏起来，就得到了一个"莫比乌斯带"。将两条莫比乌斯带沿着它们唯一的边黏合起来，就得到了一个叫作"克莱因瓶"的奇怪东西（当然不要忘了，我们必须在四维空间中才真正有可能完成这个黏合，否则的话就不得不把膜弄破）——这个几何体是如此复杂，以至于它甚至无法在三维空间内精确地画出来。

 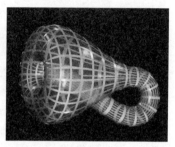

莫比乌斯带   克莱因瓶

让我们再来想象一下，比如说在大爆炸以后，时空就像一张平整、光滑的塑料膜，其后物质出现了，时空开始发生扭曲，如果它真能按照我们刚刚扭曲那张塑料膜的步骤，一步一步地"扭"下来，那么很可能如今我们就生活在一个犹如克莱因瓶的宇宙中。从一张平整的膜到克莱因瓶，所有这些都不是平坦的拓扑，而是弯曲空间的拓扑。在这些弯曲的空间里，我们很有可能沿着一条路循环地走下去，一遍又一遍地经过同一扇门、同一扇窗、同一盏灯火……

应该说明的是，以上所讲的拓扑，只是时空弯曲的一种，很难相信宇宙能够这么听话，自动扭曲成一个克莱因瓶——科学家们已经提出了许多其他的宇宙模型。

有一个很有趣的巧合，最为经典的几种宇宙模型都和生活中流行的零食十分相似。

一部分科学家认为，宇宙可能像一个圆环，或者是环圈——如果我们刚刚在用那块塑料膜做实验时，没有将它扭曲成克莱因瓶，它就会保持莫比乌斯带的形状。持这种观点的科学家们认为，宇宙就好像面包圈一样是一条单一的纽带，如同一个巨大的莫比乌斯带，我们的宇宙有可能飘浮在一个环形的空间里。他们还说，根据如今盛行的弦理论，我们的宇宙是一个三维空间，存在于一个更高维度空间中的一个"膜"之中，这个"膜"有多达 8 个维度，飘浮在一个 9 维空间中，每个维度都能够像面包圈一样环绕往返。如今高维空间中其他的"膜"可能一起消失了，只有我们的宇宙幸存下来。

另一些科学家们认为，宇宙就像我们常吃的薯片一样。在这个"宇宙薯片"的中心，空间是同时向上和向下弯曲的——用数学的语言来讲，就是空间被反向弯曲。从理论上讲，宇宙中每一个点都应该是这样的。如果这个假说成立，就能够解释为什么时间总是向前流动，以及为什么宇宙会如此高速地膨胀。到目前为止，确实有证据表明宇宙是平坦的，而非"薯片状"的，但问题并没有就此得到解决。

某些科学家从宇宙的诞生开始推测：大约 140 亿年前的大爆炸产生了宇宙。宇宙诞生于一个无限小的点，在各个方向发生爆炸、膨胀，然后逐渐降温。然而，这个过程也许并不均衡，因为早期的宇宙磁场能够使宇宙各处膨胀的程度不同。按照这个理论推测下来，我们的宇宙将是一个椭球的形状，宛如一个橄榄或一颗花生。

还有一部分科学家更加偏爱一种被称为"号角"的食品，因而提议说宇宙应该是"号角"的形状。在美国，号角是一种很受欢迎的玉米小吃，形状是锥形的，像喇叭或军号那样。号角形状的宇宙尽管让人觉得怪异，但它有一个其他形状的宇宙无法相比的优点，就是它可以解释一些令人费解的宇宙微波背景辐射的数据。宇宙微波背景辐射被认为是大爆炸的"余烬"，均匀地分布于整个宇宙空间中。大爆炸之后的宇宙温度极高，之后 30 多万年，随着宇宙不断膨胀，温度逐渐降低，宇宙微波背景辐射正是在此期间产生的。宇宙微波背景辐射有很多"热点"和"冷点"，但这些"热点"和"冷点"都没有稳定在某一水平。对此，号角状宇宙提供了一个简单的解释：大爆炸后的 30 多万年内，在喇叭状的宇宙中没有足够的空间去形成大范围的辐射点。

和号角形宇宙相比，苹果形状的宇宙显得太过平常，也太过正常了。但是，如果联系到牛顿，这位引导我们认识万有引力，将地面上物体运动的规律和天体运动的规律统一起来的人，那么苹果显然在熟悉程度和感情上更能占上风。苹果状宇宙的建立同样有赖于弦理论。弦理论，又称"超弦理论"，是理论物理的一个分支学科。这一理论认为，纯粹的能量构成闭合的圈，这些圈就称为"弦"。自然界的基本单元不是电子、光子、中微子和夸克之类的点状粒子，而是很小很小的"弦"。根据弦理论预测，我们的宇宙是一个多维宇宙，除了我们能够看到的长度、宽度和高度这三维外，其他维度都蜷缩得十分之小，以至于我们很难理解它们。由此一些物理学家尝试着提出，宇宙应该是苹果形，这样才能够帮助我们解释为什么宇宙的基本粒子只有少得可怜的三种。例如，我们发现了三种不同的中微子，但是也有可能只有一种中微子，我们看到的"不同"是因为它走了不同的路线，经过了隐藏的维度，最终显示出来的不同样子。因为苹果有凹有凸，粒子可以采取三种不同的路线运动，这也许能够解释看到三种中微子的原因。

2004 年，美国宇航局的威尔金森微波各向异性探测器对宇宙微波背景进行测量，首次发现了一个异常现象：宇宙一侧的冷热点比另一侧更加炎热或寒冷。欧洲航天局的普朗克探测器随后证实了这一发现。如今，经过 10 多年的研究，科学家们对此现象的解释是：宇宙或许是不平衡的，我们所在的宇宙倾向一侧。威尔金森微波各向异性探测器的发现，被认为是宇宙向一侧倾斜的线索。科学家们借助这一线索，展开了对宇宙的结构和演化的推导。爱丁堡大学的安德鲁·里德勒和马里纳·考特斯认为，这一观测发现可以用一种理论解释，即我们所在的宇宙就像在一个更大的宇宙内形成的泡泡，呈弯曲状——也就是说，宇宙实际上是弯曲的，外形犹如一个马鞍。在这样的宇宙内，平行移动的物体在进行远距离穿行时将最终彼此远离。

"圆形极限Ⅳ"图案

宇宙到底啥模样？有科学家这样总结：如果要用语言来形容宇宙的形状，那么应该是整体呈现多重镶嵌模式，具有无限重复出现的扭曲面，曲面间环环相扣，如同埃舍尔创作的"圆形极限Ⅳ"图案（木版画，1960 年创作），同时也与美国工程师 P. H. 史密斯创作的"史密斯圆图"类似。这些艺术作品都使用了周期性的图形反复镶嵌，使得我们可以在一个有限面积的单位圆中产生无限延展和递增的感觉。

注1：μ 类行星，是指直径 2 000 ~ 4 000 千米，自转周期 16 ~ 20 小时，重力系数 0.6 ~ 0.8 克的行星。

22　　　　　　　倾听宇宙的声音

◇ ⋯⋯⋯⋯

　　在波多黎各自治邦的一个山谷里，人们安装了一个巨大的射电望远镜，使用它那碟形天线日夜监测着太空，以捕捉外星智慧生命发出的无线电波。许多科学家聚集在这里，没日没夜地坚持收集和分析来自外太空的信号。然而这种监听持续了数十年，却没有任何结果。政府认为这个项目耗资太大，却难以得到回报，所以想终止实施这个寻找外星人的计划。

　　项目主任罗伯特·麦克唐纳不仅是该项目的负责人，也是该项目最初的推行者。他在这个项目上几乎倾注了全部的心血，以至于无暇顾及家庭生活，如今事业与家庭却皆遇到瓶颈。为了让项目得以延续，麦克唐纳四处奔走，想方设法寻求支援。

　　就在这个计划即将被废止时，那硕大的碟形天线接收到了来自外层空间的智慧生命发出的通讯信号。科学家们殚精竭虑，欲图破译外星通讯信号，他们发现这个信号中包含的信息相当奇特，发人深省。

　　人类捕捉到外星智慧生命信息的消息传了开去，引起了轩然大波。到底要不要与外星智慧生命取得联系？科学家、政治家、宗教界人士以及平民百姓各有不同反应⋯⋯最终，科学家们发现，原来这个信号是从一个已经灭亡的文明地发出的信息。"卡佩拉人"的太阳发生了积聚膨胀，这个外星种族因而灭亡了。但他们留下的自动装置对地球的信号做出了回应。回音中给出了卡佩拉文明的完整记录，还有一段感人的话："……我们曾活过，我们曾工作，我们曾建设，然后我们消亡了。接受它，我们的遗产，以及我们美好的祝愿/相似/钦佩/兄弟情谊/爱。"

《倾听者》是美国著名科幻作家、评论家詹姆斯·冈恩最为杰出的作品。它探讨了人类与地外文明交往的科学、哲学和政治意义，塑造了献身地外文明探索的科学家们的动人形象。这部作品最与众不同之处在于，它没有正面描述与外星文明的接触，而着力刻画人们得知宇宙中存在另一种智慧时的反应，以及拥有智慧的人类的尊严。

《倾听者》是以 1960 年开始实施的"奥兹玛计划"为现实基础来进行创作的，其主角麦克唐纳的原型就是"奥兹玛计划"的发起人和负责人——弗兰克·德雷克教授。

"奥兹玛计划"是人类历史上第一次有组织、有目的地搜索地外生命与文明的活动，它的实施有赖于射电天文学。

射电天文学是通过观测天体的无线电波来研究天文现象的一门学科。它以无线电接收技术为观测手段，观测的对象遍及所有天体：从近处的太阳系到银河系中的各种对象，一直到极其遥远的银河系以外的目标。

科学家们认为，物质都是由正、负电子构成，由于正、负电子的运动，所有物体都会向外发出电磁波。1860 年，英国物理学家麦克斯韦预言，整个辐射家族都与电磁辐射有联系，而一般可见光只是这个家族中的很小一部分而已。25 年后这一预言得到了证实。1887 年，德国物理学家赫兹从感应线圈的火花中制造振荡电流，结果产生出波长极长的辐射，这些辐射后来称作无线电波或射电波。微波的波长在 1 000～160 000 微米之间，长波射电波长可达几十亿微米。

射电波实际是无线电波的一部分。地球大气层吸收了来自宇宙的大部分电磁波，只有可见光和部分无线电波可以穿透大气层。天文学把这部分无线电波称为射电波。

　　射电天文学的历史始于 1931 年至 1932 年。美国无线电工程师央斯基在研究长途电信干扰时偶然发现来自银心方向的宇宙无线电波。到 1933 年，央斯基断定这些射电波来自银河，特别是来自靠近银河系中心的人马座方向。央斯基的这一发现标志着射电天文学的诞生。1940 年，雷伯在美国用自制的直径 9.45 米、频率 162 兆赫的抛物面型射电望远镜证实了央斯基的发现，并测到了太阳以及其他一些天体发出的无线电波。第二次世界大战中，英国的军用雷达接收到太阳发出的强烈无线电辐射，表明超高频雷达设备适合于接收太阳和其他天体的无线电波。战后，一些雷达科技人员把雷达技术应用于天文观测，揭开了射电天文学发展的序幕。

　　20 世纪 60 年代的四大天文发现——类星体、脉冲星、星际分子和微波背景辐射，都是利用射电天文手段获得的。从前，人类只能看到天体的光学形象，而射电天文学则为人们展示出天体的另一侧面，即无线电形象。其中，微波背景辐射的发现是最为人们津津乐道的。1965 年，美国新泽西州贝尔实验室的两位无线电工程师阿尔诺·彭齐亚斯和罗伯特·威尔逊十分意外地发现了这种宇宙辐射，这一发现为大爆炸理论提供了强有力的支持。2010 年 12 月，英国伦敦大学物理与天文学学院的史蒂夫·菲尼和他的研究团队在研究了宇宙微波背景辐射图后，发布了一个惊人的消息：他们在图中发现了四个由"宇宙摩擦"形成的圆形图案，这表明我们的宇宙可能至少四次进入过其他宇宙。

宇宙微波背景辐射图

　　射电望远镜是观测和研究来自天体射电波的基本设备，可以测量天体射电的强度、频谱及偏振等量。天线把微弱的宇宙无线电信号收集起来，传送到接收机中；接收系统将信号放大，从噪音中分离出有用的信号，并传给后端的计算机记录下来；天文学家分析这些曲线，就能得到天体送来的各种宇宙信息。

　　应用射电天文技术手段观测到的天体，往往与天文世界中能量的迸发有关。20世纪50年代初期，根据理论计算探测到了银河系空间中性氢21厘米谱线。后来，利用这条谱线进行探测，大大增加了人们了解银河系结构，特别是旋臂结构和一些河外星系结构的机会。随着观测手段的不断革新，射电天文学在天文领域的各个层次中都做出了重要的贡献。在每个层次中发现的天体射电现象，不仅是对光学天文学的补充，而且常常超出原来的想象，开辟出新的研究领域，寻找地外文明就是其中的一项。

　　现实中的地外文明探索始于1959年。当时，美国康奈尔大学的两位物理学家，塞皮·科科巴和菲力普·莫里森，在《自然》杂志上发表了一篇论文，论及利用射电天文学技术穿越星际空间，与遥远星球智慧生命交流的可能性。这是一篇具有历史意义的文章，揭开了人类搜寻地外文明的序幕。同一年，美国国家射电天文台的天文学家弗兰克·德雷克也独立提出了同样的观点。

　　德雷克是一位实干家。1960年4月8日凌晨，他率领一个研究小组，开启了人类历史上第一个有组织地在宇宙空间寻找外星人的计划，这就是"奥兹玛计划"。这一计划的名称来自一本十分出名的童话书——《绿野仙踪》。在这个童话故事里，女主人公桃乐丝曾经去过一个奇异的国家，名叫"奥兹国"，据书里描写：那是一个很远很远的地方，居住着一些奇异的生灵——这与科学家们期望接触到的外星人十分相似。奥兹玛计划的目的性明确，使用一个直径约为26米的射电望远镜，监测距离地球较近的两颗恒星，鲸鱼座 τ 星和波江座 ε 星，这两颗恒星的光谱和性质都与太阳极为相似。德雷克认为，宇宙中最多的元素是氢，因此任何智慧生物都会对氢加以透彻的研究。21厘米波长是氢原子发出的微波的波长，它可能是被宇宙间一切智慧生物最早认识和运用的。

德雷克等人首先将射电天线对准了鲸鱼座 τ 星，它距地球约 11.9 光年，结果是一无所获。之后，他们又把天线对准了波江座 ε 星，它距离地球约 10.7 光年。德雷克等最初从这颗星处收到了一个每秒 8 个脉冲的强无线电信号，10 天之后此信号又出现了。不过这并不是人们期待的外星人电报信号。奥兹玛计划在 3 个月中，累计"监听"了 150 小时，遗憾的是始终没有发现任何有价值的信息。

不过，德雷克等人进行的开拓性尝试给予了科学家们极大的激励。自从奥兹玛计划执行以后，世界上已提出过多项搜索地外智慧生命的计划。他们的共同认识是：第一，就像人类的情况一样，生命很有可能产生在地外"太阳系"，因此探索目标应放在类似太阳的星球上。第二，射电望远镜能"听到"的最理想的频率范围在 1 000～10 000兆赫之间，这一波段的背景噪声最低。因此，想同外界建立联系的外星人，可能会选择这一被称作"微波窗口"的波段进行星际对话。第三，如果我们想同其他星球建立联系，应利用电磁波，比如说无线电波，因为它以光速进行传播。遗憾的是，以上所有的努力都没有结果，即没有接收到任何可确认为来自外星人的信号。

德雷克深知与外星人取得联系的种种困难，他指出："对此，我们就像大海捞针一样要探测整个天空，即使是'阿雷西博'这种高灵敏度的射电望远镜，也得指向 2 000 万个方向。"

1972 年，规模更大的"奥兹玛二期计划"又开始启动。由美国两个大学牵头，对近 700 颗距离在 80 光年之内的恒星进行联测，他们使用了最灵敏的接收机开通了 384 个频道，希望能收听到这样的信号："你们并不孤独，请来参加银河俱乐部。"但结果还是什么都没有收到。不过，参与奥兹玛二期计划的部分科学家筛选出了若干一时无法解释的"自转突变"信号，引起了一些人的极大兴趣。苏联的几个天文学家甚至声称，他们在 1973 年已经破译了一组来自波江座 ε 星发来的密电码，只是这些密电码目前尚未查实。

1985 年，在美国哈佛大学天体物理学家保罗·霍洛威茨教授领导下，开始了一项新的探索外星人的计划，名为"太空多通道分析计划"。除了美国，苏联、澳大利亚、加拿大、德国、法国、荷兰等国家先后参加了这一探索计划。该计划简称"META"，通过800多万个不同频率，用高度自动化仪器探测外星文明。由于波段增加了上万倍，相应的工作量也极大地增加，普查一次太空竟需要200~400天。

在所有探索地外生命与文明的计划中，"凤凰计划"是最全面、最精细的。从事这项计划的天文学家们先从太阳系周围200光年的范围内选择出约1 000个邻近的类日恒星，再针对这些恒星一一进行监听、探测。目前"凤凰计划"使用的是设置在波多黎各的直径305米的"阿雷西博"射电望远镜，这可能是世界上最大的单个射电望远镜，具有极强的探测能力。

"阿雷西博"射电望远镜

在搜索来自宇宙的非天然信息的同时，天文学家们也开始向太空发射特定的信号。以特设的语言，用选定的波长，向精选的天区送去人类存在的信息和友善的问候。美国在1974年11月向宇宙发送了一份用二进制数码编制的电报，传达了地球人类的信息。遗憾的是，这份信息至今仍未得到任何回复。

虽然寻找地外文明的努力至今未能取得任何成果，但天文学家们并未气馁，他们认为，找不到外星文明的原因多种多样，例如，科学家至今只收听了几千个星球，而且大部分都是地球附近的星球，所用的频率也很有限。

近年来，科学家们针对寻找地外文明又提出了新的构思。一些美国科学家认为，具有高等智慧的地外文明可能会通过向其他恒星发射信号来彼此建立联系，这非常类似于人类目前使用的互联网。但不同的是，外星人建立的是一个更为先进的宇宙互联网。

美国夏威夷大学的科学家约翰·勒恩德和他的同事正在致力于对外星信号的研究，他们重点研究的是那些具有多变发光规律的造父变星。之所以选择造父变星作为研究对象，主要是因为它们的亮度之强足以保证人类在 6 000 万光年的距离外仍然能够看到它们。勒恩德介绍说："如果真的存在外星信号，我们则可以利用已有的恒星数据来分析它。"

研究人员解释说，通过一束能量撞击造父变星，可以引起其内核升温并膨胀，从而导致其发生震动。最有可能的能量撞击方法就是向造父变星发射一束高能粒子，如"微中子"，那样可以缩短造父变星的光亮周期。这和利用电流有规律地刺激人体心脏促进心跳是同样的道理。正常的周期和缩短后的周期可以分别用二进制编码"0"和"1"代替，这样，信息就可以在银河系的网络之中，或是在这些造父变星之间来回传输。勒恩德说："这种想法的美妙之处在于，我们已经掌握了关于造父变星一个世纪的亮度变化数据。因此，可以把这种想法看作是侦察外星信号的一个新途径。"

这个崭新的思路或许会给寻找地外文明带来一线曙光。不过，正如科学家们指出的那样，探索自然界奥秘从来就是一场世代努力的接力赛，不可能期望在一朝一夕取得成功。未来，我们还有很长的路要走。

23　　　　　　　　世界就是光与影

◇ ┈┈┈┈┈┈┈┈┈

　　著名探险家卫斯理从欧洲旅行归来，查阅在外期间收到的邮件和电报等时，发现有一份来自荷兰阿姆斯特丹极峰珠宝钻石公司的电报，内容说一位叫姬娜的女性向该公司出售一颗重量达 7 克拉的红宝石戒指。公司的职员认为这颗红宝石极为珍贵，但历史上却没有任何记录描述红宝石的出处。他们从姬娜口中得悉红宝石是卫斯理在 20 年前于墨西哥送给她的，因此希望卫斯理能给予有关红宝石的资料。

　　信中所说的红宝石，原本是一位神秘女子米伦太太的遗物。据卫斯理所知，她曾把宝石留给姬娜的母亲。而米伦太太在多年前就已去世，没人知道红宝石的来历。卫斯理将事情的原委讲给极峰珠宝钻石公司的员工连伦。由于急于了解为何姬娜会卖掉这枚使人着迷的戒指，卫斯理打电话到姬娜在阿姆斯特丹租住的酒店查询她的下落，却被告知她已离开了酒店。翌日，连伦和一位自称为警官的名叫祖斯基的人告诉卫斯理，卖家姬娜连同她的红宝石戒指一同失踪了。卫斯理认为事态严重，于是亲自来到阿姆斯特丹寻找姬娜的下落。

　　卫斯理到达阿姆斯特丹，见到了祖斯基。祖斯基向卫斯理坦白他并非警官，而是极峰公司的保安主任，红宝石也一直在极峰公司的手中。他伙同连伦说谎，是想骗卫斯理到阿姆斯特丹来，让他解答一个极其怪异的问题——那颗红宝石为何在某一天变得毫无光泽，而且成了实心的花岗石。起初，卫斯理认为红宝石和石块有可能调了包，但连伦与祖斯基把红宝石和石块的照片放大后发现，二者具有相同特征，因此排除了掉包的可能性。为给卖家姬娜解决麻烦，卫斯理以极峰珠宝钻石公司买入的价格买下那块花岗石，以弥补极峰公司的损失。

祖斯基对宝石变为花岗石一事极度好奇，向卫斯理表示愿意一同了解事情的真相。二人调查后发现，姬娜曾失踪达 10 年之久，而且她失踪时只有 12 岁。接着他们又查对了姬娜的行程，她从南美洲的法属圭亚那来到巴西的里约热内卢，再到达巴黎，最后抵达荷兰的阿姆斯特丹。

不解之谜越来越多，这极大地激发了卫斯理的兴趣。他请夫人白素一同参与调查。白素告诉卫斯理，家里收到了一份写有大量奇怪符号的文稿，寄件人正是姬娜。那些古怪的符号看起来像是文字，卫斯理和白素都感到很惊异。他们商议后前往巴黎，借助退休警员尚塞叔叔的关系，查知姬娜从里约热内卢的一个有百年历史的账户中将黄金兑成法郎，把钱汇到法国的银行以供她在巴黎使用。其后，她又到当地的殡仪馆查问保存尸体的方法，并用一大堆的符号做记录。

为了进一步调查了解，卫斯理和白素到访里约热内卢。路途中，他们从空中小姐处打听到，姬娜在飞机上写过这些像符号的文字，但她却不了解当中的大意。卫斯理和白素跟踪线索飞往帕修斯，在残旧超载的飞机上，他们看到一位神父手中拿着一张活像姬娜所写的文字的书签。神父告诉卫斯理夫妇，书签是他在多年前与知名探险家伦蓬尼在帕修斯时，一位从天而降的"上帝使者"给予他们的。其后，卫斯理夫妇又从帕修斯的杂货店店长颇普口中得悉，姬娜并没有住在村子里，她只是不时从杂货店购买一些化学制剂及医疗用品。

卫斯理夫妇分析后认为，神父所指的"上帝的使者"是外星人，姬娜和"上帝的使者"住在一起，但最近"上帝的使者"逝世了。二人到神父提及的地方去找寻外星人居住的飞碟，但一无所获，二人只好返回杂货店等待姬娜。

不久后的一天晚上，姬娜来到杂货店，却未认出与她分别多年的卫斯理。姬娜受惊后匆忙驾驶飞碟逃走，卫斯理抓住飞碟的部件，被带到原始森林。翌日，姬娜驾驶飞碟寻找卫斯理，却发生了意外，飞碟爆炸，姬娜也因而罹难。临终前她告诉卫斯理，她一直和一位外星人住在西南方。卫斯理借助飞碟内置无线电与白素联络后，去往西南寻找外星人。

多日后，卫斯理成功与白素会合，并发现了其中一座山上有一个改造过的山洞。这特别的山洞正是外星人和姬娜的居所，在洞内两人见到一台高科技的电脑和一位动弹不得的外星人，但外星人的外貌却和地球人相同。

外星人承认他和米伦太太等来自同一星球，并告诉卫斯理和白素他的母星的科技"在一万多年后早已发生"，此话颇为令人费解。外星人解释说，他的母星是一颗和地球几乎一模一样的行星，他们接受了母星指派的一项任务——探索宇宙的边界，由于出发时间不同，故到达地球的时间也不同。这位外星人和米伦太太等同样抵达了宇宙边缘，并穿过无形的"镜子"，到了一万多年前的地球。在地球上发生的事，跟他们母星的历史以及他们在母星上的经历几乎相同，这使得米伦太太等人都以为自己返回了他们的母星。只有这位外星人参透了宇宙的玄机，明白自己来自另一个宇宙中的"地球"。母星发生过的事使他能够"预知"地球的未来，于是在漫长的时间里，他教授了人类种种文明生活的方式，并培养了不少历史上的名人。他让姬娜将这一万多年来地球上的事，以及此后地球上所有人的未来用母星的文字记录下来，这就是白素收到的那份被称作"天书"的文稿。外星人表示地球上所有人的命运都是注定的，而且不会百分之百的相同，因为出生时间有百分之一秒的差异，命运就会不同。最后，重伤的外星人因无药可救，死在山洞中，山洞内的一切也就此消失。

《天书》是《奇门》的续篇。在这篇科幻小说中，作者借虚构的外星人之口，讲述了他对宇宙的理解：在我们的宇宙外面，有许多和我们的宇宙相似的宇宙，相互间被类似镜子的物质隔开，每一个宇宙所处的时间段都不一样，发展过程中的细节也不甚一致，但总体走向却是相同的。他的说法换作科学界目前流行的观点就是：在我们这个宇宙之外，有很多平行宇宙，每一个宇宙的构成都是相似的。

平行宇宙也叫"多重宇宙"，是一种在物理学里尚未被证实的理论。根据这一理论，在人类的宇宙之外，很可能还存在着其他的宇宙，而这些宇宙是宇宙的可能状态的一种反映。这些宇宙的基本物理常数可能和人类所认知的宇宙相同，也可能不同。

"平行宇宙"这个名词，是由美国哲学家与心理学家威廉·詹姆斯在 1895 年最先使用的。但"多世界理论"则是美国普林斯顿大学的休·埃弗莱特三世于 1957 年最早提出的。根据这一理论，可推导出这样的说法：宇宙是从一个奇点不断膨胀到达极限后又重新收缩为一个奇点或者撕裂成多个宇宙的过程。宇宙在极限膨胀的过程中也有可能撕裂为多个宇宙，中间间隔有无物质区。

目前在科学界炙手可热的"超弦理论"也支持平行宇宙的说法。由"超弦理论"发展而来的"膜宇宙学"认为：我们的世界存在多重维度，而非传统认为的三维空间和一维时间。在我们可触及范围以外存在平行宇宙，除了我们自身的空间三维膜，还有另外的三维膜或可能飘浮在更高维度的空间中。该理论还认为，并非所有的膜宇宙都是彼此平行且触不可及的，有时候它们可能彼此碰撞，引发一次次的宇宙大爆炸而不断重设宇宙初始值。美国哥伦比亚大学的物理学家布莱恩·格林尼解释这个概念的时候说："我们的宇宙是潜在多个飘浮在更高维度空间的平板之一，相当于一块巨型宇宙面包中的一块切片。"

而《天书》中关于每一个宇宙的阐述，则比较近似戴维·玻姆提出的"全息大统一论"。

"全息大统一论"原名"宇宙全息论"，起源于物理学上的一个震惊世界的发现：1982 年，巴黎大学的一组研究人员在实验中发现，在特定情况下，一对基本粒子在向相反方向运动时，不管距离多么遥远，它们总能知道另一方的运动方式。当其中一个受到干扰时，另一个会马上做出反应。这就像是这对粒子在运动时还能互通

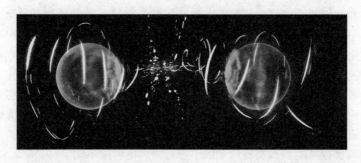

信息，而且它们之间的通信联系几乎没有时间间隔。这一发现后来被命名为"量子纠缠"。根据相对论，在我们这个宇宙中，光速是一个衡量标准，也是一个极限，而量子纠缠现象明显地违反了爱因斯坦的"光速不可超越"理论。科学家们对粒子的这种表现既惊骇又着迷，他们试图用种种办法解释这一奇异的事。

其实，早在量子纠缠现象被发现前，爱因斯坦等人就曾发现过"EPR 现象"，这个现象与量子纠缠可以说是异曲同工。EPR 现象是原子物理学中的一种奇妙现象，指两个微粒相互碰撞后若干年还会狭路相逢。EPR 的三个字母分别取自它的发现者爱因斯坦、波多尔斯基、罗森三个人名字的第一个字母。物理学家们认为，这种现象之所以会发生，是因为微粒之间由一种尚不清楚的方式连为整体。玻姆曾将这一现象推而广之，并就此提出了"关联定律"。他认为人类也同样存在着与 EPR 现象相似的联系，地球乃至整个宇宙都是一个大系统，时间的过去、现在、未来也是一个整体。

"全息大统一论"是在关联定律的基础上发展而来的。玻姆的理论指出，粒子的这种表现说明，我们所处的这个客观世界并不实际存在，宇宙只是个巨大的幻象，是一张巨大而细节丰富的全息摄影相片。

所谓全息摄影，是一种利用激光技术和光的干涉、衍射原理把被摄物反射的光波中的全部信息记录下来的新型照相技术。全息摄影所记录下来的是被拍摄物体的全部信息。全息相片是用激光做出的三维立体摄影相片，相片的每一个小部分，都包含着整张相片的完整影像。这就是全息的特点——整体包含于部分之中。

1988 年 3 月山东人民出版社出版的《宇宙全息统一论》中，对全息论的基本规律如此阐述：一切事物都具有四维立体全息性；同一个体的部分与整体之间、同一层次的事物之间、不同层次与系统中的事物之间、事物的开端与结果、事物发展的大过程与小过程、时间与空间，都存在着相互全息的关系；每一部分中都包含了其他部分，同时它又被包含在其他部分之中；物质普遍具有记忆性，事物总是力图按照自己的记忆中存在的模式来复制事物，全息是有差别的全息。

全息理论为我们观察并诠释这个宇宙提供了一个新的视角。仔细思考就会发现，其实有许多事例都可以证明，我们这个世界的每个局部，似乎都包含了整个世界的信息。例如，将一根磁棒折断，每个棒段的南北极特性依然不变，每个小段都是原来那根整棒的全息缩影，这等于把整根棒按比例缩小了。

更为经典的例子其实就在我们身上：人身体里的每个细胞都包含着整个身体的全部信息，甚至目前的年龄——正因为地球上的生物都具备这样的特性，科学家们才能利用克隆技术，使一个细胞发育成一个完整的生命体。

如果我们所处的这个宇宙只是一个体细胞，而并非整个身体，如果我们这些渺小的人类所能观察到的，不过是一个"体细胞宇宙"，而非"整个身体的宇宙"，那么有很多事就非常容易理解了，比如说量子纠缠——在玻姆看来，这就如同盲人摸象一样，每个人摸到的都只是象的一个部分。把他们所摸到的各个部分看作那一对向相反方向发射的粒子，当某两个部分同时动起来的时候，看不到整只象的人很可能会以为这两个部分在互通信息。

针对"摸象"这件事，玻姆的说法是：现实的宇宙可能还有更深的层次，只是我们没有觉察到。站在更高、更深的层次上观察我们的宇宙，或许所有基本粒子都不是独立的，而是更大整体的一个小小的片段，而一切事物都是相互关联的。

传统科学总是将某一系统的整体性看作是各部位零件相互作用的结果。但很有可能真正的事实却是，零件之间的相互关系是由整体所操纵的。与之相类似，我们宇宙中的基本粒子群并不是分散移动于虚空之间，而是所有的粒子都属于一个更大的"超级宇宙"，每个粒子都按照超级宇宙所具有的内部法则不断运动，并彼此作用着。玻姆将那个更深层、更复杂的超级宇宙称为"隐卷序"，意思是"隐藏或折叠起来的秩序"，而把我们生存在其中的这个宇宙称为"显展序"，意思是"展现开来的秩序"。他认为宇宙中所有事物所呈现的表象，其实就是两个秩序不断隐藏和展现的结果。这也解释了为什么基本粒子具有"波粒二象性"，即有时候表现为波，有时候表现为粒子。根据玻姆的理论，这两种形态都隐藏于粒子的整体中，我们采用的观察方式，决定了哪一种形态被展现，哪一种形态被隐藏。

全息包括时间和空间两个方面。以空间来说，局部是整体的缩影；从时间方面讲，瞬间是永恒的缩影。我们一直认为，一切事物都是不断地向前发展的。但全息理论告诉我们：这其实是一种幻觉，在更深层次的宇宙里，过去、现在和未来其实是共存的，只是在我们眼前展现出来某些部分而已。

"全息大统一论"是站在物理学的基础上在解释我们这个宇宙，它可以被视作天文学和物理学的完美结合。根据玻姆的说法，在我们的现实宇宙之上，还存在一个更为复杂的超级宇宙，而我们生活的这个世界，不过是这个超级宇宙的一个全息投影。宇宙万物皆为连续体，外表看起来每一件东西都是分离的，然而每一件东西都是另一件东西的延伸。

24　寻找奇迹诞生处

◇ ·················

　　公元 2098 年，梯姆、马乔、安里拉和埃格乘坐"铃铛号"宇宙飞船去寻找新的行星。自从 20 年前发现了新的相对论以后，超光速飞行成为事实，资本家们纷纷把投资范围扩展到邻近星球，寻找太阳系的一切行星全都成为他们追求利润的对象，探寻任何一颗银河系的新行星都能给他们带来巨额利润。

　　梯姆等人经历了 200 万光年的路途，在遭遇过流星、磁暴和强辐射等艰险后，来到贝塔星旁边。几十亿年来，这颗红色的巨型恒星向空间释放出惊人的能量，但梯姆等人却一时未能在它旁边发现行星。这让 4 个人都失望至极。

　　就在 4 个人决定踏上归途时，埃格通过电子望远镜发现了一个银白色的小圆盘。经过确定，大家认为它就是一颗行星，而且本身具有空气。这个极有价值的发现让大家都兴奋起来，如同猎人见到猎物一般，准备到行星上去探测一下空气、水、重力、质量、矿石成分等情况。他们径直飞向新发现的行星，不料才出发不一会儿，舱内雷达预警红灯就闪烁不已，这是前面出现障碍物的信号。众人这才发现，所谓的障碍物就是这颗新发现的行星。目前它距离飞船仅有 200 米之遥，而它的直径才只有 10 米！

　　众人再度仔细观察这颗行星，发现这颗行星上拥有城市，依照城市的比例算，上面的居民身高不超过 0.002 毫米。梯姆对此甚为恼火，认为公司不会为这样小的行星付钱，但他转瞬间想到，可以把这颗迷你行星卖给伦敦天体物理博物馆作为展品。

梯姆等人穿上了宇航服来到飞船外，近距离观察行星。目睹了这颗行星上升起的朝阳，安里拉劝说伙伴们放弃攫取它。他说："这颗行星是属于他们的人民的！他们也是人类，可能和我们一样具有灵魂！"但其他三个人不听他的劝阻，使用磁性吊车和电缆将这颗微型行星捕捉到飞船内。

"铃铛号"返回了地球。尽管梯姆一再强调，他们带回来的是一颗拥有微小生命的活行星，但宇航站的海关官员依然恪守法律规定，为消灭一切可能的外来微生物和病毒，使用热风机给整艘飞船消了毒。梯姆等人屏息站在飞船旁，倾听热风机的呼呼响声，仿佛听到了叫喊声和号啕声，微型行星上的城市在焚烧，海洋在沸腾……

若干年后，一位巴拿马宇宙商业公司的经理在仓库中偶然发现一块石头。他进行了调查，但无法弄清它的来龙去脉，于是让司机下班后把它拖到城外用炸药炸开，用炸得的碎片在自己花园里建造了一座假山。他告诉妻子，这块石头是从 200 万光年外的贝塔星带回来的，却只花了他 10 块钱。

《出售行星》是丹麦著名科幻作家尼利斯·尼尔森的作品，被编入他的选集《胡说八道》。这篇短篇科幻小说讲述了宇宙间的微型智慧生命被发现的过程，并给出了一个悲剧性的结局。

尼尔森这个短篇小说的理论基础在于一个非常惊人的科学观点——生命起源于宇宙深处。

生命被视为宇宙的奇迹。一些科学家很早就认为，宇宙间充满了智能生物。"奥兹玛计划"的领导者弗兰克·德雷克曾给出过一个"绿岸公式"，他是这样表达的：

$$N = R \times n_e \times f_p \times f_l \times f_i \times f_e \times L$$

公式中，"N"代表银河系中可检测到的拥有技术文明的星球数，它取决于等式右边 7 个数的乘积。"R"表示银河系中类似太阳的恒星的形成率。一般认为，只有像太阳这样的恒星附近才有可能孕育出智慧生命。"n_e"是在可能携带（具有生命的）行星的恒星中，其生态环境适合生命存在的行星的平均颗数。"f_p"表示有可能有生物存在的恒星（有人称其为"好太阳"）颗数，换句话说，"好太阳"一般是指那些光度恒稳、能长时间照耀从而满足形成智慧生命演化所需的恒星。"f_l"是已经出现生命的行星在可能存在生命的行星中所占的份额。"f_i"表示已经有智慧生命的行星的颗数，因为低级生命演化到智慧生命的概率毕竟很小。"f_e"是在这些已有智慧生命的行星中，已经达到先进文明的高级智慧生命的行星（如能进行星际电磁波联络）的份额。"L"表示具有高级技术文明的星球的平均寿命（或者说延续时间），因为只有持续发展很长时间的文明星球才有可能做星际互访。

绿岸公式是对探索地外智慧生命做定量分析的第一次尝试。自这一公式出台以后，不少天文学家以此为指导，积极地寻找地外智慧生命。不过，科学家们做事总是非常谨慎，他们步步为营，他们把寻找奇迹诞生之处的起点定为"寻找星际有机分子"。

20 世纪 30 年代的时候，天文研究人员就从宇宙光谱中发现，宇宙中存在甲基和氰基等分子。这些分子的电磁辐射不在光学波段，而在厘米、毫米、亚毫米等波段，所以它们可以不受星际物质吸收与阻挡的影响，自由穿行于宇宙之中。

1957 年，美国天文学家汤斯开列出了 17 种可能被观测到的星际分子谱线的清单，此人由于在天文学上的贡献，获得了 1964 年的诺贝尔物理学奖。此后，人们又连续观测到羟基分子光谱，氨分子、水分子的光谱和星际甲醛的有机分子光谱……到 1994 年为止，人类一共从宇宙中找到 108 种星际有机分子，此外还找到了 50 种由碳、氢、氧等元素组成的同位素，还有一些地球上没有自然样本的有机分子。

星际有机分子的发现，为研究星际生命的起源提供了重要线索。这些天文发现还说明，宇宙中到处都充斥着有机分子，它们是构成生命、维持生命的最基本元素。天文学研究表明，这些星际有机分子不能存在于高温的星球中，它们只能存在于温度较低的行星、暗物质或者宇宙尘埃当中，甚至当恒星爆炸死亡之后，也可生成大量的有机分子。所以在星系与星际之间、恒星与恒星之间，它们的数量非常庞大。这些有机分子随尘埃或气体漂泊，极不稳定，漫游在宇宙当中。

宇宙有机分子的发现，再一次证明地球生命绝不是宇宙中独一无二的现象，人类也不应该是宇宙的"独生子"。这一点从近些年来的研究结果中得到了证实。

从最近的研究结果分析，一些科学家认为生命起源于宇宙深处。宇宙间的物质，在没有空气、寒冷的温度和充满辐射的环境下，可以产生细小的细胞膜，这些薄膜便是生命起源的"种子"。

那么，这些生命的种子是如何来到地球上生根发芽的呢？一种时髦的理论认为，是来自太空的携带有水和其他有机分子的彗星和小行星撞击地球后，才使地球产生了生命。

前几年兴起的火星探测热潮，激起了大家对探索生命起源的兴趣。科学家在火星上也发现了类似于地球的陨石坑。不少科学家推测，生命可能起源于这些陨石坑，而彗星为生命萌芽提供了必不可少的水。为这一说法提供证据的是一颗名为"利内亚尔"的冰块彗星。生命起源的重要物质是水，而许多彗星都含有固态的水，也就是冰。据科学家们推测，"利内亚尔"彗星含有 33 亿千克水，如果把这些水浇在地球上，能够形成一个很大的湖泊。"利内亚尔"彗星诞生于距离木星轨道不远的地方。科学家们经过实验证明，数十亿年前，在离木星不远处形成的彗星含有的水和地球上海洋里的水是相当的。天文学家们认为，在太阳系刚刚形成时，可能有不少类似于"利内亚尔"的彗星坠落到地球上，它们为地球带来了丰富的水，这些水中包含有机分子。美国航空航天局专家约翰·玛玛说："它们落到地球上时像是雪球，而不像小行星撞击地球。因此，这种撞击是软撞击，受到破坏的只是大气层的上层，而且撞击时释放出来的有机分子没有受到损害，这样就为地球上的生命演化提供了条件。"

天文学家们的推断在"威尔特 2 号"彗星身上得到了部分证实。2004 年 1 月 2 日，"星尘号"彗星探测器穿越了"威尔特 2 号"彗星周围 5 千米厚的尘埃和冰粒云，飞船上的尘埃采集器捕获到了从该彗星表面散逸出来的彗星物质微粒。1 月 15 日，装有彗星尘埃样本的返回舱与"星尘号"母船分离，成功降落在美国犹他州的沙漠里。"星尘号"探测器所收集到的彗星物质微粒样品被分配到多家著名的实验室进行研究。美国宇航局科学家们在其中发现了大量复杂的碳化物分子。这些化合物在条件成熟时，能与其他有机化合物发生可以孕育出原始生命的化学反应。

"星尘号"彗星探测器

陨石也为生命起源于太空提供了证据。一般的化学反应会产生等量的左手型和右手型分子。但地球生命体中的分子却出人意料地例外，其中的糖分子以右手型为主，而蛋白质的基本单元——氨基酸则以左手型为主。科学家在一块有着45亿年历史的陨石中，曾经发现有异缬氨酸存在。这块陨石中所含的异缬氨酸，左手型的比右手型的要多。这个结果和地球生命的结构正好相吻合。科学家利用异缬氨酸与两种原始地球上可能广泛存在的有机物发生反应后，产生了一种被称为"苏糖"的糖类，其中右手型的苏糖比左手型的苏糖要多。科学家认为，生命体糖类的"右倾"特性，有可能就是这样开始的。

还有一个令人兴奋的发现——维持生命所需的糖分也可以在太空合成。2001年，美国宇航局艾姆斯研究中心的研究人员首先在陨石中发现了人类生命不可缺少的糖类化合物，并确定它来自太空。2002年，科学家通过射电望远镜，首次在银河系中心地带的气尘云团中发现了脱氢乙二醇这种可参与构成生物体的糖分子。发现有糖分子存在的巨型气团与地球相距约 26 000 光年。糖分能够维持生命，当糖类物质和氨基酸等有机物随着天体大量来到地球，并富集起来之后，就为生命的出现提供了化学基础。这一切都从另一个侧面说明了"地球生命的构成物质可能源自太空"的观点。

在倡导"生命起源于太空"的科学家当中，英国加地夫大学的天文学家钱德拉·维克拉马辛教授可说是一个代表性人物。他所创立的"胚种论"认为：地球上的生命来自太空，尤其是彗星，它们是以细菌或孢子的形式来到地球上的。

胚种论所阐述的地球生命产生过程是这样的：

1. 生命开始于包括所有彗星资源在内的宇宙中。

2. 生命一旦开始，其耐久性就能确保它们的永生。它们在温暖有水的彗星内部存活，并不断繁殖。在星球之间的空间里零散地存在着彗星的碎片，其中一些就含有生命的种子。

3. 在38亿年前，太阳系的"奥尔特"彗星云带来了地球上的第一批生命。

4. 不断到达的彗星细菌推动地球生命的演化，现在这些细菌还在不断地到达。

为了验证"生命起源于太空"这一说法，美国太空总署和加州大学的科学家复制了一个像太空的环境，一个没有空气、非常寒冷和充满辐射的环境。然后将太空中的冰粒子放在这个环境中，这些冰粒子是由水和一些氨、一氧化碳、二氧化碳及甲醇组成。科学家们发现，这些简单的粒子慢慢地转变成为复杂的化合物，并形成像泡沫一样的小液滴。小液滴的薄膜是半透过性的，水和氧气可以容易地透过这些薄膜，和有生命的细胞很相似。科学家们从降落到地球的陨石中也发现了类似的小液滴。因此，科学家们认为地球上生命的起源是由陨石带来的小液滴产生的，这些小液滴可以利用太阳紫外线的能量，变成更复杂的水泡状的低级生命体。

越来越多的发现为我们指示出了一个确定不移的方向：宇宙中确实存在生命，即使是我们最熟悉的生命形式，也有可能在宇宙的某个角落中产生。现在的问题已经不是证明这些生命的存在，而是要想办法寻找他们。

微信扫码
探索宇宙奥秘
☆ 知 识 科 普
☆ 故 事 畅 听
☆ 观 测 指 南

25　日暮乡关何处是

◇ ················

　　黄鹤楼位于湖北武昌，面临长江，登楼远望，风景绝美，因此有"天下江山第一楼"的美誉。历代文人在黄鹤楼留下了大量的诗词、楹联，其中以崔颢的一首七律最为有名，全诗是这样的：

　　　　昔人已乘白云去，此地空余黄鹤楼。
　　　　黄鹤一去不复返，白云千载空悠悠。
　　　　晴川历历汉阳树，芳草萋萋鹦鹉洲。
　　　　日暮乡关何处是？烟波江上使人愁。

　　这首诗从黄鹤楼的传说写起，继之以诗人所见的景物，慨叹世间一切如白驹过隙，转瞬即逝，很自然地引出疑问——"日暮乡关何处是？"将全诗的主题思想提升到极其高远的境界。相传李白来到黄鹤楼，看到崔颢的这首诗后，放弃了在黄鹤楼题诗的打算，只写道："眼前有景题不得，崔颢题诗在上头。"因为诗中的这一句"日暮乡关何处是"已问到了极致，诗人所挂念的不仅是现实中的家乡，也是心灵的永恒归宿。

　　"人类向何处去"是哲学领域一个著名的问题。其实，这个令人头疼的问题，在几千年前我们的祖先在分野的时候，早已有了答案：人类是星辰的子孙，最终将回归茫茫太空。

　　现代的天文学发现和研究成果表明，一颗大质量的恒星消耗完核心部分的氢以后，其核心将变热、坍缩，并冶炼出较重的元素，临终的时刻再将这些重元素抛向宇宙空间。地球上生物体中的钙与铁，我们呼吸的氧和维持能量的氮等重元素，无一不是来自死亡恒星的"遗骸"。从这个角度讲，我们的生命的确是起源于太空的。而现在，科学家们正在努力做着让人类重返太空的工作，不过，他们并不是为了证明"人类向何处去"在哲学意义上的正确性，而是为了更为切实的目标——也可以说，他们这么做有非常重要的原因。这些原因，科幻作家们早就已经写过太多太多次了。其中，最具代表性的当属电影《2012》。

传说在玛雅文明的预言中，2012 年 12 月 21 日是世界毁灭之日。预言说道："2012 年 12 月 21 日黑暗降临后，12 月 22 日的黎明永远不会到来。"但无论是各国的科学家和政要，还是各民族的宗教人士，都无法预知这一天到底会发生什么。

杰克逊·柯蒂斯是个失败的作家，靠写科幻小说谋生，对传说中消失的大陆"亚特兰蒂斯"很有研究。由于经济原因，他和前妻凯特离婚时两个孩子的抚养权都判给了凯特。

一天，柯蒂斯带孩子们去黄石公园度周末，却发现这里的湖泊已经干涸，这个地区也成为禁区。柯蒂斯深感困惑。这时他在黄石公园附近的营地偶然认识了查理。查理告诉他，由于自然环境长期被人类掠夺性破坏，地球自身的平衡系统已开始崩溃，人类即将面临空前的自然灾害。各国政府已经联手开始秘密制造方舟，希望能够躲过这一场浩劫。

柯蒂斯把查理的话当作无稽之谈。然而，第二天灾难就降临了。火山爆发、强烈地震以及海啸接踵而来，各种各样的自然灾害在地球其他地方也以前所未有的规模爆发。柯蒂斯和前妻一家驾驶一架临时租来的飞机冲出被死神瞬间笼罩的城市上空，前去寻找查理曾经提到过的方舟。

经历了种种磨难和生死考验，柯蒂斯一家终于到达了方舟基地。但已制造完的方舟无法搭载从世界各地闻讯涌来的受灾人群。到底谁才有资格登上方舟？关键时刻，来自不同国家的人们做出了重要抉择——"所有人都是平等的，都有平等的生存机会！"人类

电影《2012》剧照

依靠互爱与良知渡过了难关，劫后余生的人们满怀希望地期盼着明天。

《2012》是罗兰·艾默里奇继《后天》之后执导的又一部灾难片，也是他制作的电影里成本最高的一部。有评论称之为"史上最全灾难大集合"，火山、地裂、海啸、洪水、陨石雨等灾难形式交相呈现，确实能够给人以末日来临的震撼。《2012》提出了一个极其尖锐的问题：一旦地球遇到灾难，全人类面临灭绝的危险时，我们怎么办？

这就是科学家们正在着力解决的问题。大多数科学家持这样的观点：万一地球遭遇灭顶之灾，人类必须登上巨大的宇宙飞船逃离家园，到另外一颗行星上去居住。在这些科学家们看来，适合移居的行星，最好是环境和地球极为相似的，他们把这样的行星称作"类地行星"。

类地行星也叫"地球型行星"或"岩石行星"，是指以硅酸盐岩石为主要成分的行星。在太阳系中，水星、金星和火星都属于类地行星。它们距离太阳近，体积和质量都较小，平均密度较大，表面温度较高，大小与地球差不多，也都是由岩石构成的。

类地行星的构造都很相似：中央是一个以铁为主，且大部分为金属的核心，围绕在周围的是以硅酸盐为主的地幔。月球的构造与类地行星相似，但核心缺乏铁质。类地行星有峡谷、撞击坑、山脉和火山，它的大气层都是再生大气层，有别于类木行星直接来自太阳星云的原生大气层。

寻找太阳系外行星最大的困难就是行星本身不发光，反射的信号又极其微弱。恒星的光芒要比它周围的行星亮 100 万 ~ 100 亿倍，必须屏蔽掉恒星的光亮才能突出行星的特征。为此，天文学家们决定先从恒星下手，他们认为，拥有类地行星的恒星，应该和太阳比较像。他们为有可能拥有类地行星的恒星列出了一个标准，并以这个标准在银河系中寻找智慧生命的踪迹。

恒星"考核"的第一项内容是"这颗星应该像太阳那样位于主星序"。

大约 100 年前，丹麦的艾依纳尔·赫茨普龙和美国的亨利·诺利斯·罗素各自绘制了关于恒星温度和亮度之间关系的图表，这张关系图被称为"赫罗图"。在赫罗图中，最抢眼的是从左上方至右下方的一条狭长带，大多数恒星都分布在这条带内。从高温到低温，恒星形成一个明显的序列，这就是"主星序"。凡是处于主星序带内的恒星，都是主序星。我们的太阳就是一颗主序星。

处于主序星阶段足够长的恒星，才能够为生命的形成和进化提供长期稳定的光和热。而那些向红巨星和白矮星转变的恒星，也就是非主序星，由于其变化剧烈，会给周围的行星带来灾难。正是考虑到这个因素，天文学家们才把这一条列为恒星考核的首要条件。

衡量恒星是否合格的第二个标准是：要支持智能生物，主序星必须有适合的光谱型。在赫罗图的横坐标上有 O、B、A、F、G、K、M 七个字母，这就是恒星的光谱型，我们的太阳属于 G 型星。天文学家们把光谱进一步细化，如包括太阳的光谱型 G 被分为 10 个次型，由热到冷依次为 G0 ~ G9，太阳的光谱型是 G2。所有 G 型星都是黄色的，温度与太阳差不多，但 G1 型稍热些，G3 型稍冷些。

要孕育出智能生命，恒星必须有足够长的寿命。而光谱型能够反映出一颗恒星在主序星阶段停留多长时间，以及在主序星阶段生产了多少光。蓝色的 O 型和 B 型星以及白色的 A 型星生命都太短，不足以支持周围的行星产生智能生命。红色的 M 型星和大部分橙色的 K 型星生命倒是足够长，但是它们太暗，发出的光太少，所以也被天文学家们判为"不及格"。这样筛选下来，就只剩下较冷的 F 型星、全部 G 型星和较热的 K 型星了。

恒星的第三项考核内容是稳定性。如果恒星爆发，就会给它周围的行星带来巨大灾难，甚至可能使行星上的所有生物走上灭绝的道路。大多数 F 型、G 型和 K 型的恒星都是稳定的，能为它们的行星提供恒定的能源。红矮星则经常产生巨大耀斑。

第四项考核内容是恒星的年龄。一颗主序星就算有适合的光谱型，而且很稳定，但是如果它存在的时间不够长，也无法培育出智能生命。以我们的太阳系为例，处于"宜居地带"的地球，历经了 46 亿年，才孕育出我们这样的智慧生命。这是很长的时间，比银河系年龄的 1/3 还要长。虽然生活在地球上的我们可能不具备典型代表性，或者在其他类地行星上，智慧生命的产生比地球上要快得多。但是，在不了解全部情况时，我们不妨把地球上生命进化的时间作为一个衡量尺度——我们现今能使用的，也只有这么一个衡量尺度。

恒星的最后一项考核内容是金属性。如果恒星是贫金属星，那它的周围可能没有形成地球这样的岩质行星，因为地球这样的行星主要是由铁、硅、氧等重元素构成的。此外，生命本身也需要重元素。在所有的考核内容中，这一项可以算是最严格的了。

经过一番严格的筛选，在我们邻近的恒星中，符合标准的只有两到三颗。

然而，仅仅有一颗好的恒星还不够，生命还需要一颗好的行星。太阳系有八大行星，可只有地球上产生了我们这样的智慧生命，因为地球到太阳的距离适合形成液态水，科学家们认为这是生命存在的基本要求。相比之下，火星太冷而金星太热，目前都不适于生命生存。

此外，行星的大小也很重要。地球有足够的质量和引力，可以牢牢维系住厚厚的大气。地球温暖的原因之一是它的大气层中有能够捕捉和保存太阳热量的二氧化碳。还有，地球的大气层薄厚程度正合适，如果大气层太薄，就不足以遮挡住对生物具有极强杀伤力的紫外线，而如果大气层太厚，又会遮住阳光，那么植物的生长将受到很大的影响。

　　行星的公转轨道也是一个需要考虑的因素。如果它围绕恒星运转的轨道太扁，夏季会遭遇酷热，冬天会持续严寒，这样严酷的环境也是不适合生命存在的。

　　……

　　一颗与地球相似的行星必须具备如此多的条件，这使得在茫茫"星海"中把它们找出来非常困难。尽管如此，天文学家们还是有了不少发现。1992年，天文学家亚历山大·沃尔兹森和戴尔·弗雷在脉冲星"PSR B1257＋12"附近发现了两颗行星，这是人们首次发现太阳系外行星。不久，这个星系的第三颗行星也被找了出来，3颗行星的质量分别是地球的0.02、4.3和3.9倍。

　　2005年6月，在距离15光年远的红矮星"吉利斯876"旁发现了第一颗几乎可以确定是类地行星的系外行星。这颗行星的质量是地球的5~7倍，公转周期只有两个地球日。

　　2007年4月，由11位欧洲科学家组成的一个小组宣布发现了一颗处在适居带的地外行星，有着与地球相似的温度。这就是公布后引起轰动的"吉利斯581c"。当时人们盛传，它是第一颗类似地球的行星，可能有液态水。不过后来有消息纠正说，"吉利斯581c"环绕着红矮星"吉利斯581"运行，质量是地球的6倍，其表面温度约为150℃。如今科学家们把它归为"超级地球"一类。

　　超级地球正式的名称叫作"超级类地行星"，它们都是巨大的类地行星。科学家推测这些行星拥有与地球相似的板块构造。目前天文学家们发现的类地行星，大多数都属于超级地球。

　　另一颗引发争议的是行星"开普勒－22b"，它是通过开普勒望远镜发现的。"开普勒－22b"围绕着一颗类似于太阳的恒星旋转，这颗恒星发出的光比太阳光弱大约25%，因此那里的宜居带要比太阳系里的宜居带更靠近恒星一些。不过，"开普勒－22b"到母星的距离比地球到太阳的平均距离近了大约15%，因此恰好坐落在宜居带之上。科学家们猜测，如果新行星的性质与地球相似，液态水就可以在那颗行星的地表上长期存在。然而，这颗行星并不像国内一些媒体所传的那样，是"首颗适合居住的类地行星"。美国国家航空航天局（NASA）的官方网站在发布关于这颗行星的消息时，使用的标题是"NASA 开普勒计划证实它的首颗位于类太阳恒星宜居带中的行星"。2011 年 2 月，NASA 开普勒计划公布的"可能适于人类居住的行星"候选者中，可能位于宜居带的行星共有 54 颗，"开普勒－22b"是第一颗得到证实的行星。

科学家心中的"开普勒－22b"

　　科学家们指出，即使找到适合移民的行星，依然有许多问题需要解决，这些问题中最难的一点在于运输。按照航天飞机目前的速度，前往距地球 4 光年左右的星球需要大约 15 万年时间。人类要想移民外星球，必须造出和光速一样快的交通工具。

　　移民外星球后，人类将面对第三道难关，即如何解决生命保障问题。目前，美、俄等国已在国际空间站里培育了 100 多种农作物，而且果蝇、蜘蛛、鱼类等动物在失重状态下也可以生长、繁殖。如果这种技术能应用到宜居行星上，人类的生存问题就容易解决了。此外，移民外星球后人类能否繁衍也是一个问题。

　　虽然回归太空家园困难重重，但为数众多的人对这一前景抱有很强的信心——到目前为止，科学已创造了一个又一个的奇迹，书写了一个又一个的传奇。我们既然已经有了明确的目标，也知道了实现这一既定目标需要解决多少难题，那么就没有什么困难能够阻挡我们前进的脚步。

　　起源自星空的我们，终有一日会回到我们的发源地，即宇宙中，从产生伊始天文学就曾这般告诉我们。这门古老的科学是人类文明的起点和支柱，如今更引领着我们，将我们的文明向广袤的宇宙拓展延伸。

微信扫码
探索宇宙奥秘
☆ 知 识 科 普
☆ 故 事 畅 听
☆ 观 测 指 南